有趣的恐龙

图解神秘的恐龙世界

芒果·编著
野作插画·绘
崔世辰·审

电子工业出版社
Publishing House of Electronics Industry
北京·BEIJING

读 者 服 务

读者在阅读本书的过程中如果遇到问题，可以关注"有艺"公众号，通过公众号中的"读者反馈"功能与我们取得联系。此外，通过关注"有艺"公众号，您还可以获取艺术教程、艺术素材、新书资讯、书单推荐、优惠活动等相关信息。

扫一扫关注"有艺"

投稿、团购合作：请发邮件至art@phei.com.cn。

图书在版编目（CIP）数据

有趣的恐龙：图解神秘的恐龙世界 / 芒果编著；野作插画绘 . —北京：电子工业出版社，2023.6

ISBN 978-7-121-45470-7

Ⅰ . ①有… Ⅱ . ①芒… ②野… Ⅲ . ①恐龙－青少年读物 Ⅳ . ①Q915.864-49

中国国家版本馆CIP数据核字（2023）第072631号

责任编辑：高　鹏　　　　　　　　特约编辑：田学清
印　　刷：中国电影出版社印刷厂
装　　订：中国电影出版社印刷厂
出版发行：电子工业出版社
　　　　　北京市海淀区万寿路173信箱　　　　邮编：100036
开　　本：787×1092　1/16　印张：5.5　　字数：140.8千字
版　　次：2023年6月第1版
印　　次：2024年4月第2次印刷
定　　价：69.00元

凡所购买电子工业出版社图书有缺损问题，请向购买书店调换。若书店售缺，请与本社发行部联系，联系及邮购电话：（010）88254888，88258888。

质量投诉请发邮件至zlts@phei.com.cn，盗版侵权举报请发邮件至dbqq@phei.com.cn。

本书咨询联系方式：（010）88254161～88254167转1897。

恐龙，是一种充满神秘色彩，又吸引着无数人的目光的神奇生物。在人们的印象中，它们有的非常巨大，慢吞吞地吃着食物；有的非常残暴，快速地在陆地上捕捉猎物。在它们生活的大陆上，弱者通常难以生存。

科学家们通过研究从世界各地挖出来的恐龙化石，一点点地推测恐龙时代的面貌。而研究恐龙的意义是什么呢？

恐龙属于古生物学的一支，古生物学主要通过对化石和古老生命痕迹进行研究，探讨古代生命的特征和进化历史，讨论重大的生命起源和生物绝灭、复苏事件，探索地球的演化历史和环境变化。

所以，研究恐龙对科学家研究生命的起源、发展、进化有着重要作用。研究恐龙，也是在研究人类从哪里来，以及人类今天所在的世界是怎么来的。

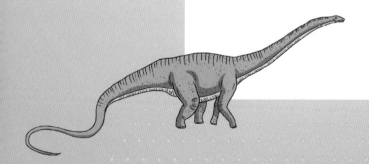

目　录

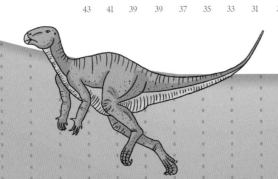

什么是恐龙

　　在大多数人的印象中，恐龙往往伴随着庞大、凶残等字眼出现。而在人类迄今为止发现的千余种恐龙中，不乏各种温和、小巧的恐龙。它们的体长从 1 米到几十米不等，大多数都生活在陆地上，也有少数水生或半水生的恐龙。目前恐龙多被认为是卵生动物。根据臀骨结构的不同，恐龙大致分为蜥臀类恐龙和鸟臀类恐龙两大类。蜥臀类恐龙大多是凶残的肉食性恐龙，也有少数植食性恐龙；而鸟臀类恐龙刚好相反，以植食性恐龙居多，少数为肉食性恐龙。

　　早期大家对恐龙的认识基本停留在恐龙就是巨大的蜥蜴，靠四肢爬行行走。而事实上，恐龙的行走方式非常多，有靠四足行走的原角龙，也有靠两足行走的双脊龙，还有时而靠四足时而靠两足行走的鸭嘴龙。

　　恐龙大约是在三叠纪中期出现的，当时几乎没有对地球生命产生多大影响；在侏罗纪，蜥臀类恐龙占据着主导地位；到了白垩纪，鸟臀类恐龙异军突起，占据了一席之地。在白垩纪后期，鸟臀类恐龙中的鸭嘴龙科和角龙科已成为最常见的植食性恐龙。在距今约 6500 万年前，所有恐龙几乎都消亡了。

恐龙时代

　　恐龙曾是地球上最繁盛、最具代表性的物种，它们统治地球的时间长达 1.6 亿年之久。这也正是地质史上的中生代时期，在希腊文中，中生代意为"中间的"＋"生物"。中生代介于古生代与新生代之间，也被称为"恐龙时代"。恐龙时代包括三叠纪、侏罗纪和白垩纪三个"纪"。

　　当时地球上还未出现人类这个物种，那是一个恐龙称霸地球的时代，地球的各个角落几乎都能寻找到恐龙的足迹。中生代也是地球史上一个重要的变革时期，地球在此期间发生了重大的变化，各块大陆连接为一块"超大陆"——盘古大陆。后来随着地壳运动的加剧，盘古大陆分裂为南北两块，北部大陆在漫长的岁月演变过程中进一步分化出了北美大陆和欧亚大陆；南部大陆也逐渐分裂为非洲、南美洲、大洋洲和南极洲。恐龙等古生物在这个时期经历了起源、发展、鼎盛的过程，在白垩纪末期遭遇著名的物种大灭绝事件，恐龙时代随即结束。

三叠纪

三叠纪时期的地球，还是一个巨大无比的陆地结构，这块大陆被称为盘古大陆。三叠纪约始于 2.52 亿年前，结束于 2.01 亿年前，是由古生物学家弗里德里希·冯·阿尔伯于 1834 年命名的。

三叠纪时期始于地球上最严重的灭绝事件之一——二叠纪灭绝事件。二叠纪灭绝事件也被称为生物大灭绝，发生在大约 2.52 亿年前，是地球历史上最重要的事件之一。它是古生代和中生代之间的分界线。

在三叠纪早期，裸子植物开始繁盛。由于开花植物和草类尚未出现，裸子植物中的针叶树形成了广阔的森林，单棵树高达 30 米。随着动物生命开始复苏，陆地上最常见的脊椎动物是小型植食性动物，其中一种类似哺乳动物的爬行动物，称为水龙。

三叠纪结束时与开始时情况差不多。当时的气候开始发生变化，以至于到 2.01 亿年前，地球又经历了一次大规模的灭绝事件。

侏罗纪

侏罗纪时期的地球温暖而潮湿，当时繁盛的植被带形成了常绿的阔野。侏罗纪约开始于 2.01 亿年前，结束于 1.45 亿年前，是中生代的第二个纪。在侏罗纪时期，最早的鸟类出现了，哺乳动物也开始发展。这一地质时期的气候对恐龙的繁衍十分有利。

在侏罗纪时期，盘古大陆一分为二，形成了北部的劳亚大陆和南部的冈瓦纳大陆。在侏罗纪早期，这两块大陆之间还存在着一些联系。这时的气温略有下降，但由于大气中二氧化碳的含量较高，气温仍比今天要高许多。陆地之间出现了大片海洋，降雨量增加了。海洋淹没了陆地之间的空隙，山脉从海底上升。

分散开来的海洋给炎热干燥的地球带来了温暖、潮湿的亚热带气候。干燥的沙漠中慢慢出现绿洲。森林覆盖了大部分的土地，棕榈树状的苏铁植物遍地开花，南洋杉和松树等针叶树也很丰富。银杏覆盖在北半球中高纬度地区，而罗汉松在赤道以南大量繁殖。

在陆地上，恐龙家族正在大放异彩。

以植物为食的恐龙越长越大，蜥臀类恐龙中的腕龙身高达 16 米，身长约 26 米。另一种蜥臀类恐龙——梁龙体长约 27 米。

目前人类已知的最早的鸟类——始祖鸟在侏罗纪晚期飞上天空，它很可能是由早期的虚骨龙类恐龙进化而来的。

白垩纪

在距今 1.45 亿年到 6600 万年的白垩纪，陆地进一步分离成我们今天所认识的一些大陆，尽管位置略有不同。这意味着恐龙在世界的不同地方将出现独立进化的个体，这会使恐龙这个物种变得更加多样化。

在这段时期里，不仅仅是恐龙，其他生物也逐渐趋于多样化。这期间出现了第一批蛇和开花植物（被子植物）。此外，各种昆虫成群地出现了，包括访花昆虫，它们的出现提高了花的授粉率，间接地促进了被子植物的传播。许多生物群体的丰富度和多样性都达到了顶峰。

白垩纪时期的海平面达到了最高水位，在陆地上形成了广阔的浅大陆海。随着单细胞藻类的灭亡，它们的骨骼沉落海底，形成厚厚的沉积物。由于沉积物主要由白垩质构成，因此此时期得名白垩纪。此外，来自海底火山的气体也促成了白垩纪中晚期的超级温室条件。

目前科学界的主流看法是，地球在白垩纪的末期遭遇了小行星撞击事件，由此引发了大量生物灭绝。伴随着白垩纪的结束，中生代也结束了，恐龙彻底退出历史舞台。

斑龙科

巨大的蜥蜴——斑龙

斑龙是一种庞大的恐龙，又被称为大龙。它的化石在好几个国家都有发现，但都不完整。斑龙站立时高达 3 米，是一种残暴的猎食其他动物的恐龙。它经常利用脚掌上的利爪对其他动物进行攻击。

我曾生活在好几个国家，但是你们想要发现我完整的身躯化石是不可能的。我就是这么神秘！

看到我脚掌上的利爪了吗？我可是很厉害的。

斑龙的身躯比较粗壮，前肢短而健壮，后肢强劲有力。它的脚掌有 3 个往前的脚趾和 1 个往后的脚趾。根据发现的斑龙足迹化石推算，斑龙的"手指"和"脚趾"上都长着尖利的爪，这可是它有力的武器。具备了这些利爪，它就能够随时攻击那些植食性恐龙，将它们变为"盘中美味"。

人们对斑龙颌部的了解，来自第一块出土的斑龙下颌骨化石。斑龙的头部很大，长约 1 米，颈部厚实，颌部强劲有力，牙齿巨大而弯曲，边缘生有锯齿。乍一看，锯齿跟切牛排用的餐刀有些相似，用来撕咬新鲜的猎物。从这块化石上，人们甚至还可以看到旧牙脱落的地方有新牙要长出来。

从斑龙的足迹化石判断，其步行速度约为 7 千米 / 小时。当它发现猎物时，就会改走为跑。根据科学家的推测，斑龙奔跑时的最大时速应该能达到 43.2 千米。这样的速度对一个庞然大物来说是非常可怕的。

我不轻易奔跑，但当看到猎物时我就要使出洪荒之力啦！遗憾的是，我的体形不允许我长时间奔跑，真是可惜了！

这是什么呀？怎么从来没见过？看起来很像龙的骨头呀！我发现龙啦！我发现龙啦！

早在 1000 多年前，中国的古人就在四川省发现了恐龙化石，只不过当时的人们以为它是神话传说中龙的遗骨。

哦！我的上帝呀！我从来没有发现过这么大的蜥蜴，我就叫它斑龙吧，这真是一项伟大的发现啊！

斑龙是最早被发现的恐龙之一，人们早在 17 世纪 70 年代就发现并描述了斑龙，但是当时的人们误认为斑龙化石是巨人的遗骸。直到英国地质学家巴克兰在 1824 年发表了世界上第一篇有关恐龙的科学报告，人们对恐龙研究的序幕才被拉开。而这个被称为"大蜥蜴"的家伙就成为最早被科学地描述和命名的恐龙。

冷血杀手——蛮龙

"蛮"，有粗野、凶恶之意，从字面上看，蛮龙就不是一种性情温和的恐龙，那么事实是不是如此呢？现在我们一起来走近蛮龙，领略一下这种大型肉食恐龙的威力吧！

蛮龙生活在距今1.51亿年前到1.46亿年前的侏罗纪晚期。蛮龙的拉丁文名是Torvosaurus，其含义为"野蛮蜥蜴"。蛮龙体形庞大，有着结实的骨骼，是侏罗纪时期最大的肉食性恐龙。其身长可达9~13.4米，身高达2.5~4米，体重最大可达9.8吨。

蛮龙拥有巨大的头颅和灵活的脖颈，"大脑袋"使得蛮龙拥有"血盆大口"，同时由于骨骼中空，蛮龙的脑袋也比较轻巧，再搭配灵活的脖颈，可以使它在进食的时候更有力地撕扯猎物。不仅如此，蛮龙还拥有一双有力的上臂，搭配前肢弯钩状的大爪子，可以让它在狩猎过程中更加"得心应手"。

蛮龙前肢较短，前肢上的三个爪子大小不一。蛮龙第一拇指上的爪子大得出奇，就算是暴龙的爪子，其长度甚至连蛮龙爪子的 1/5 都不到。其他动物如果被这样的大爪子抓住，就算不死也要痛晕过去吧。

哇！这个爪子可真锋利呀，又大又长！我要赶紧跑，不然被它捉住，我的身上肯定会留下血窟窿的！

得益于强壮的后肢，蛮龙的行进速度非常快。相比于四肢行走动物的稳定性，蛮龙短小的前肢则需要它长长的尾巴起到稳定重心的作用。

"冷血杀手"，这实在是一个令人毛骨悚然的称呼，而这也确实符合蛮龙的特征。蛮龙是巨大、凶残的肉食性恐龙，专门追捕、猎杀其他恐龙。那么，蛮龙会不会因为身躯庞大而转弯不灵活呢？会不会有一些聪明的恐龙利用蛮龙的这个特点，跑到一些有拐角的地方去，令蛮龙也拿它们没有办法呢？

天呐！真是太危险了！

暴龙科

动口不动手——暴龙

暴龙又叫霸王龙，是一种肉食性恐龙。它生存于距今约 6850 万年前至 6500 万年前的白垩纪末期，是恐龙时代令人敬畏的恐龙之一！

11.5~14.7米

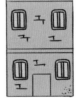

暴龙属于暴龙科中体形大的一种。它的体长约 11.5～14.7 米，足足有一辆公交车那么长。它的臀部高度平均约 4 米，最高可有两层楼高。它的头部最长约 1.5 米，平均体重约 9 吨，最重可达 14.85 吨。

和暴龙科的其他小伙伴一样，暴龙也拥有一双短小的前肢，以至于连自己的嘴巴都触碰不到。但是可别小瞧它的前肢，这可是它有力的武器呢！暴龙的前肢非常强劲有力，并附有大量的肌肉，可以在行动时保持身体平衡，使动作更加地灵活、准确。它的后肢肌肉非常发达，脚掌长着 4 根脚趾，远远望去，整个后肢如同大柱子一般！

暴龙通常独自生活，有时也会同其他暴龙生活在一起。在发现猎物时，它们会主动发起猛烈的进攻，张大嘴巴，利用尖利的牙齿和有力的颌部进行搏斗、猎杀。因此，暴龙也被称为"动口不动手"的恐龙。

任何猎物被我咬住，身上必定留下大血窟窿，没办法，我的咬合力就是这么强！

新长出的牙齿

怎么又掉了一颗牙？没关系，新牙齿很快就长出来了，想看我牙齿掉光的笑话？你们是没有这个机会喽！

暴龙能够位于白垩纪晚期食物链的顶端，靠的就是那一口绝世好牙。它的"血盆大口"里密密麻麻地分布着60颗巨牙，最大的牙可达18厘米长，每颗牙的边缘都有锋利的锯齿。它的牙齿还有一个神奇的特点：在牙齿老化之后，长牙根（牙龈里的牙齿根部）会进行分解，旧牙自行脱落，之后锋利的新牙会慢慢长出。

暴龙的咬合力大约是狮子的3倍，它尖利的牙齿可以轻易咬碎猎物的骨骼。科学家在三角龙和埃德蒙顿龙的骨骼化石上发现了暴龙的咬痕，表明暴龙可以轻而易举地咬穿骨头。即便是有着骨板护身的甲龙，在暴龙的利齿下也难以自保。

都跟你说了，我的牙齿很厉害，不要招惹我，不信吧？现在好了，身上全是血窟窿，现在后悔也来不及了，你已经是我的盘中餐了！

惊人的咬合力——特暴龙

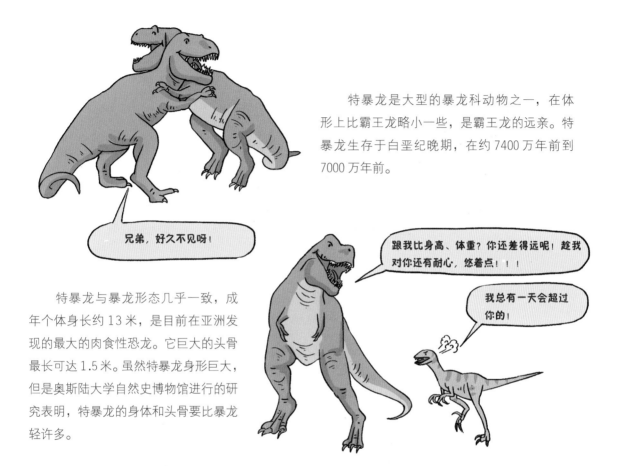

特暴龙是大型的暴龙科动物之一，在体形上比霸王龙略小一些，是霸王龙的远亲。特暴龙生存于白垩纪晚期，在约 7400 万年前到 7000 万年前。

特暴龙与暴龙形态几乎一致，成年个体身长约 13 米，是目前在亚洲发现的最大的肉食性恐龙。它巨大的头骨最长可达 1.5 米。虽然特暴龙身形巨大，但是奥斯陆大学自然史博物馆进行的研究表明，特暴龙的身体和头骨要比暴龙轻许多。

科学家推测特暴龙既能捕食，也吃尸体。它的颌部有 60 到 64 颗牙齿，上颌骨的牙齿最长，齿冠长达 85 毫米，任何猎物一旦被它咬住，就很难逃脱。当它咬住猎物时，力量从上颌传递到上颌周围的颅骨，就像整个头骨都在用力，这样就产生了强大的咬合力。

特暴龙是二足肉食性恐龙，它的前肢末端有两个手指，非常小（不足 1 米），但是可以支撑非常重的重量（约 200 千克）。尽管如此，相对于它的体形来说，它的前肢仍是目前已知的暴龙中最小的。

特暴龙的"小手"能够减轻前肢的重量，来帮助身体在站立时维持平衡，毕竟它还有一个大头。虽然它的前肢很小，却有着非常尖锐的爪子。它的后肢长而粗厚，脚掌上面有 3 根脚趾，可以为奔跑提供强有力的支撑。

特暴龙的凶狠程度完全不亚于自己的"亲戚"霸王龙。从名字也能看出特暴龙非常地粗暴、凶残，而且它的战斗力极强。特暴龙的嗅觉比较灵敏，能够通过气味判定猎物的活动踪迹。当它咬定猎物时，头骨的咬合力让猎物无法挣脱，庞大的体形也足以让竞争对手闻风丧胆。它以绝对的实力征服一片领地，站在食物链的顶端。

白垩纪的披羽暴君——羽暴龙

你以为我是一只会飞的鸟？当然不是！我只是一只全身长满羽毛的恐龙！

羽暴龙，又称羽王龙，意思是"羽毛暴君"。因为它身上的羽毛十分华丽，犹如现在的皮草大衣一般，所以又被称为"华丽羽暴龙"，羽暴龙是一种体形较大的肉食性恐龙。

羽暴龙的体长可达 9 ~ 12 米，高约 3 米。虽然羽暴龙的身体较长，但其体形较瘦，所以相对于暴龙科的其他恐龙而言，它的体重算是较轻的。与此同时，羽暴龙也是目前已知的最大的有羽毛的恐龙物种，在体形上比之前的纪录保持者北飘龙大 40 倍。

羽暴龙的头长约 1 米。从整体外形上看，羽暴龙有较高的头部，在头顶中间有一道从鼻子一直到眼睛上方隆起的、满是褶皱的脊冠。从脊冠再往后，在眼眶后方有一个小小的次级凸起，两个眼眶后方的次级凸起像一对小角矗立在额头。不过和羽暴龙庞大的身躯比起来，这对"小角"显然就没有什么攻击力了。

从小我就认为我的这对"小角"也是非常厉害的狩猎武器，可现在我长大了，却发现这对"小角"和我的体形如此不匹配，唉！

羽暴龙几乎全身覆盖羽毛。在目前发现的羽暴龙化石中，最小的标本在颈部约有 20 厘米长的羽毛，在前肢约有 16 厘米长的羽毛。根据这种分布形态，科学家推测羽暴龙可能全身覆盖着羽毛，羽毛可调节体温。

我这身羽毛的作用可大了！我们能在极寒冷的地方行动自如，这身羽毛功不可没！保暖效果是真好呀！

羽暴龙的羽毛不是现代大多数鸟类的扁平状羽毛，它是长丝状的。基于羽暴龙庞大的身躯，它身上的羽毛并不能将它带向蓝天。这些长丝状的羽毛使得羽暴龙更适合生活在年平均气温只有10℃的环境中。因此，科学家推断羽暴龙的羽毛主要用于保暖或向同类进行展示，类似于鸸鹋和火鸡的羽毛。

羽暴龙通常成群结队地出行。它的前肢较短，只有三根"手指"，后肢较长，并且身形瘦长，身体的敏捷度较高，在捕杀猎物时，围追堵截都不在话下。

我可是有"羽毛暴君"的称号，看到我的牙齿了吗？这可是我称霸的秘密武器呢！想从我的手上逃脱是不可能的！

羽暴龙的嘴里长着锋利的牙齿，这些牙齿与前肢上的爪子一起组成了它的猎杀工具。当羽暴龙捕猎的时候，它们会先用前肢上的爪子抓住猎物，然后用牙齿进行撕咬。

驰龙科

白垩纪的"杀人军团"——恐爪龙

恐爪龙是最著名的驰龙科恐龙之一,并且是迅猛龙的"近亲",生存于距今约 1 亿 1450 万年前到 1 亿 800 万年前的白垩纪早期。

恐爪龙的脑袋呈三角形,长度超过 40 厘米。在它的脑袋前方有一双明亮的大眼睛,可以更好地定位猎物。

在恐爪龙的嘴中约有 60 颗向后弯曲的牙齿,这些牙齿尖锐而锋利,可以轻而易举地撕碎猎物。

恐爪龙的脑容量很大,即便放在所有恐龙中对比,恐爪龙的脑容量都是偏大的,因此科学家推断恐爪龙应该是相当聪明的家伙。

恐爪龙的身长可达 3.4 米,臀部高度为 0.87 米,体重最高可达 73 千克。恐爪龙尾巴的结构也很特殊,它不能够灵活地弯曲,而是僵硬挺直的,主要的作用是保持身体平衡,同时具备在奔跑时迅速转向的能力。

小贴士

关于这个爪子的用途，科学界目前并没有一个统一的结论。有的学者认为这种特殊的爪子是恐爪龙的"撒手锏"，可以给予猎物致命的一击；有的学者认为它更像一个捕捉猎物的抓钩。但无论持哪种看法，学者们对恐爪龙的大爪子在狩猎当中的重要作用都给予了充分的肯定。恐爪龙的名字也来源于此。

恐爪龙有一对长长的前肢，前肢末端有弯曲的尖爪。恐爪龙的后肢要远长于前肢，无论是健壮程度还是杀伤力都远超前肢。恐爪龙的第二个脚趾（第一个脚趾缩小后移，不接触地面）上长有一个镰刀状的大爪子。这个脚趾有一个关节，使它能够大弧度地移动，为爪子提供额外的向下的打击力。

恐爪龙捕食的手段和方法比笨重的霸王龙简直高明多了。恐爪龙的灵活性非常好，在奔跑时，由于爪子比较大，可以很牢固地抓住地面，奔跑速度也非常快。科学家推测恐爪龙的狩猎方法可能是趁猎物不备，一跃跳到猎物身上，并迅速用它巨大的爪子划伤猎物的颈部皮肤，用单个形如镰刀的利爪掏挖猎物内脏。它这些动作完成得十分迅速有力，对方在还没明白是怎么一回事时，就已经成为它的美餐了。

来自美国蒙大拿州的恐爪龙化石遗迹显示，所有恐爪龙的死亡时间非常接近。根据它们的死亡形态，科学家推测它们当时有可能正在战斗，并非合作狩猎。可见"白垩纪杀人军团"的称号并非浪得虚名。

敏捷的盗贼——伶盗龙

伶盗龙又称迅猛龙、速龙，拉丁文意为"敏捷的盗贼"，是驰龙科恐龙的一种。1924年，伶盗龙模式标本首次在蒙古国的戈壁沙漠中被发现，它的拉丁文学名是 Velociraptor mongoliensis，意思是"来自蒙古的迅捷强盗"。伶盗龙可能有从巢穴中抢夺恐龙蛋的习惯。伶盗龙生存于白垩纪晚期。

伶盗龙是一种小型肉食性恐龙，成年个体的体长约为 2 米（包含尾巴），其中头长约为 25 厘米，臀高约为 50 厘米，体重大约在 7 ~ 15 千克，体形和如今的火鸡差不多大。伶盗龙颌部的 26 ~ 28 颗大且后缘带有锯齿的牙齿证明了它的实力。伶盗龙是大脑占身体比重最大的恐龙之一，因此科学家推测伶盗龙应该是一种非常聪明且感官发达的恐龙。

伶盗龙是一种两足行走的肉食性恐龙，它拥有较长的前肢，每个前肢长着三个弯曲的指爪，前肢腕部的关节非常灵活，可以完成向内旋转、抓握等动作。伶盗龙后肢的第二个脚趾上有一个非常强大的弯曲的趾爪，在走路时可以抬离地面。

伶盗龙的趾爪是可怕的攻击武器,长度可达 65 毫米。作为肉食性恐龙,伶盗龙锋利的爪子有助于刺穿和抓住猎物。在对伶盗龙的趾爪和骨骼形状的分析中,部分科学家认为它的捕猎方式可能与鹰或猫头鹰相似,先用脚固定并刺伤猎物,然后奋力撕咬猎物的脖子等致命部位,强大的趾爪是它控制猎物的有力工具。

伶盗龙的尾骨呈 S 状,水平弯曲,这显示出它的尾巴在水平方向有着非常好的灵活性,可以运动自如。但是,它的尾巴在垂直方向几乎是不能弯曲的。不过,这并不影响尾巴的功能发挥,伶盗龙依然可以快速奔跑。

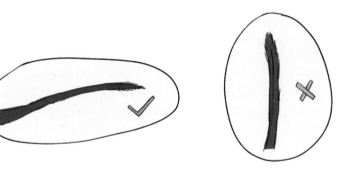

在驰龙科里,比伶盗龙原始的恐龙通常都身披羽毛,由此科学家结合伶盗龙祖先具有羽毛的特点推断,伶盗龙应该也有羽毛。在现代的动物中,有羽毛或者皮毛的动物大都是恒温动物,因此可以推测,伶盗龙有可能是恒温动物,它在捕猎时会消耗大量的能量。

大椎龙科

有巨大脊椎的蜥蜴——大椎龙

大椎龙又被称为巨椎龙，它的名字的意思是"有巨大脊椎的蜥蜴"。大椎龙头小颈长，具有长颈部、长尾巴、小型头部，以及修长的身体。

大椎龙身长约 4 ~ 6 米，同其他蜥臀类恐龙相比，大椎龙显然有个长长的脖子。

大椎龙的头部与身体的其余部分相比显得相当小，所以，大椎龙的小嘴巴需要吃掉足够多的食物，才能维持庞大身躯所需。得益于大椎龙独特的牙齿结构（它嘴巴前端的牙齿呈圆柱状，后端的牙齿呈刀片状），即便是纤维丰富的粗糙植物，对它来说也是小菜一碟。另外，大椎龙的胸部较平，尾巴细长，四肢瘦长。

我的身躯实在是太庞大了，嘴巴又比较小，所以我必须多吃一点，才能为我的身体提供足够的能量！

在大多数时候，大椎龙以四肢行走的形式活动，不过伴随着年龄的增长，它越来越依赖于两足行走的方式。成年大椎龙有一对结实的前肢，指爪和脚爪很大，用来防卫或辅助进食。在用四足行走时，大椎龙的尾巴会和身体保持水平状态。

大椎龙的头部很小，颅骨上有许多窝孔，在头部两侧成对排列。据专家估计，这些窝孔的作用可能在于减轻头部的重量，并提供肌肉附着处，以容纳感觉器官。

大椎龙的上颌呈凸起状，下颌有一个鸟喙骨隆突，这个鸟喙骨隆突能够控制附着在下颌上的肌肉。

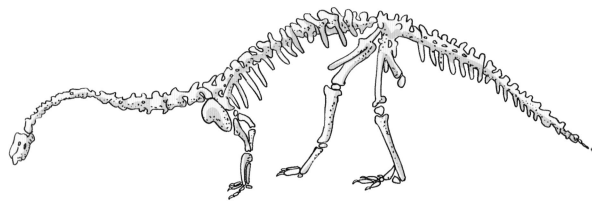

控制大椎龙咀嚼能力的颌部关节在上排牙齿的后方，但是由于大椎龙的牙齿很小，科学家推测大椎龙主要以各种植物为食。另外，大椎龙上下颌部长着血管孔，可以让血管通过，这表明它长有脸颊。

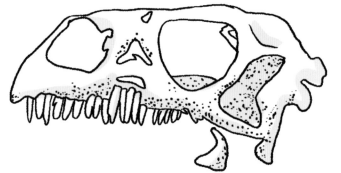

大椎龙幼体的前肢很长，成年体的前肢长度适中，所以科学家推测大椎龙会随着年龄的增长，逐渐适应两足行走的方式。它前肢上的"手"很大，拇指上长着大而弯曲的爪，这样的结构可能方便大椎龙捡取食物。大椎龙前肢的五个"手指"并非对称排列，第四指和第五指略小于其他三根"手指"，后肢脚趾上有较大的指爪，科学家推测可以用来辅助进食或者抵御敌人的入侵。

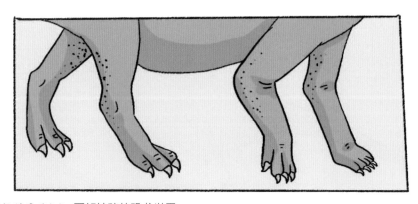

中国第一龙——禄丰龙

说起恐龙，禄丰龙应该算是出尽了风头，它独揽了5项世界之最："禄丰蜥龙动物群"是最原始、最古老的脊椎动物化石群；禄丰龙的化石种类数量居世界之最；禄丰龙化石保存的数量居世界之最；禄丰龙化石埋藏的密度居世界之最；禄丰龙化石的完整性居世界之最。

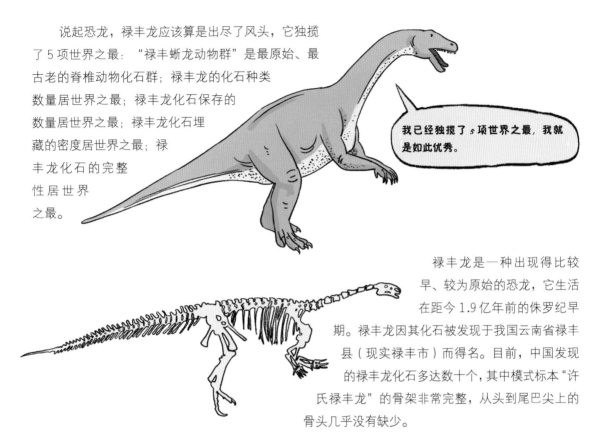

禄丰龙是一种出现得比较早、较为原始的恐龙，它生活在距今1.9亿年前的侏罗纪早期。禄丰龙因其化石被发现于我国云南省禄丰县（现实禄丰市）而得名。目前，中国发现的禄丰龙化石多达数十个，其中模式标本"许氏禄丰龙"的骨架非常完整，从头到尾巴尖上的骨头几乎没有缺少。

禄丰龙是一种中等大小的恐龙，它的个子不算很高，体长5米左右，即使站起来，也不过2米高。禄丰龙的头骨很小，并且构造简单，也没有强壮的肌肉附着在上面。

禄丰龙的嘴巴很长，牙齿细小，形如锯齿，很好地证明了它是植食性恐龙。禄丰龙一般生活在湖泊和沼泽边，主要靠吞食植物的嫩枝叶和柔软藻类生活。

禄丰龙有粗壮的后肢，脚上有五趾，趾上有粗大的爪，但其前肢短小，这样的形象加上一条长长的尾巴，乍一看，就像放大了的袋鼠。禄丰龙拖着一条长长的尾巴，十分显眼。据科学家研究，禄丰龙的长尾巴主要起到平衡身体的作用，以便头和脖颈能够自如地抬起。另外，禄丰龙的尾巴和两条后腿组成了一个稳定的支架，可以支撑它沉重的身子。

这禄丰龙还是"中国恐龙之父"杨钟健先生发掘的，真是厉害呀！

这邮票上的恐龙真是活灵活现啊！

禄丰龙是由"中国恐龙之父"杨钟健先生于1938年在禄丰盆地发掘的，并于1958年登上由中国邮政总局发行的《禄丰龙纪念邮票》，震撼了世界。

1995年，科学家又在阿纳恐龙山发现了上百只恐龙的集中埋藏地，这个巨大的恐龙化石遗址让禄丰龙再次震撼了世界，为人们再现了一个"侏罗纪公园"。

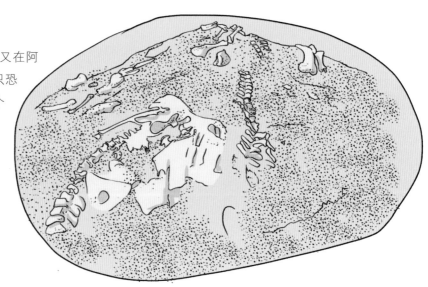

棘龙科

背上有"帆船"——棘龙

棘龙是生活在白垩纪中期的一种巨型肉食性恐龙，主要生活在非洲。由于目前发现的棘龙化石极少，所以科学家从棘龙化石中得到的数据非常有限。

棘龙的脑袋很大，它是非常聪明的恐龙。它的前肢比后肢要短小，因此科学家猜测，在大部分的时间里，棘龙依靠两条后肢走路，但也不排除偶尔用四肢行走。

都走了这么久了，我实在有些累了，前后肢一起走路也是可以的呀！

我还是好好走路吧，用两只脚走路才是我们棘龙的特点呀！

健硕的体格加上一口锋利的牙齿，使得棘龙成为可怕的肉食性恐龙，可以轻易地咬死猎物。即使是一些肉食性恐龙，也成为它捕猎的对象。科学家在棘龙的胃化石里找到了鱼类的骨头化石，看来棘龙还可能以鱼类为食。

我不只吃其他恐龙，还会捕食鱼来"打牙祭"，这片水里的鱼儿就是不错的选择呀！

棘龙的长相非常奇特。它的口中长满了圆锥状的锋利牙齿，但是上面没有锯齿；眼睛前方有一个小型凸起物；外观上的最大特征是它的背部有一个巨大的帆状物。

这个巨大的帆状物由几根长棘骨支撑，中间由肌肉和皮肤连接着，高达 1.6 米。远远看过去，在树林里行走的棘龙就像一条在绿色的海洋中行进的帆船。只不过，这可是一条凶狠的"海盗船"。

背上的帆状物完全不能收拢或者折叠，这决定了棘龙不可能击败或吃掉大型恐龙。否则，动物在挣扎的过程中很可能会弄断这个帆状物。

关于这个帆状物的用途，科学家们众说纷纭，有人认为其是棘龙为了吸引异性用来炫耀的展示物。目前人们一般认为这个帆状物的用途是调节体温。棘龙可能在早晨太阳升起时，让背上的帆状物面向太阳吸收热量，使血液暖和起来，蓄积用来活动的能量。

在白天很热的时候，它可能躲在树荫下，通过减少帆状物的受热面积来调节体温。此外，帆状物里面的微血管会帮助棘龙把身体里面多余的热量散发出来。

拥有"超级巨爪"——重爪龙

重爪的意思是"沉重的爪子"，重爪龙是属于棘龙科的恐龙。重爪龙是白垩纪早期的兽脚类恐龙，它拇指上的大爪像钩子一样锋利，足以使猎物丧命。

迄今为止，最大的重爪龙的爪子，是由英国业余化石搜寻者威廉·沃克于1983年在英格兰东南部的萨里郡发现的。当这个超过30厘米、呈镰刀状的大爪从脏乱的泥土坑里被发掘出来时，媒体轰动了。因为这个"超级巨爪"不仅是英国发现的第一块肉食性恐龙的化石，并且是最大的一只恐龙爪。"重爪龙"的名字也由此而来。

天呐！这么大的爪子被我发现了！真是一只"超级巨爪"呀！

重爪龙的身长约9米。它的脖子长且直，这与霸王龙、异特龙等肉食性恐龙有所区别。重爪龙的头部扁长，嘴巴很像现在的鳄鱼。重爪龙的后肢强壮，每个后足有3根强壮的趾头，前足长着带有超级大爪的拇指，十分显眼。重爪龙有一条长长的尾巴，用来保持身体平衡。

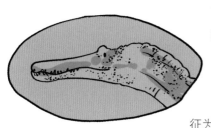

重爪龙的头部约长达1.1米，显得很狭长。重爪龙的嘴和鳄鱼的十分相似，扁平的上颌骨末端有一个弯曲的凹槽，下颌骨的同样部位有一个曲率相当的凸起，这个特征常见于鳄鱼身上，作用是增加对像鱼这样滑溜溜的动物的抓力，防止其溜走。同时，重爪龙细长、尖利的牙齿非常适合咬紧猎物。这些显著特征为重爪龙以鱼为食的推论提供了有力的证据。

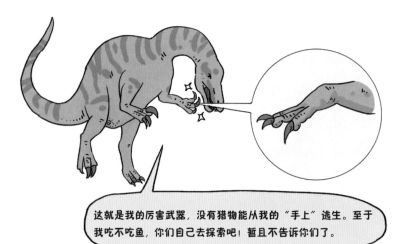

重爪龙的"超级巨爪"就像一把锋利的镰刀，外侧的弧线约有 31 厘米长，如果再加上包裹在骨骼外的角质层，科学家推测重爪龙的巨爪长度应该能到 35 厘米。重爪龙尖锐且弯曲的大爪有点像人类捕鱼用的大鱼钩，可以把比较重的鱼钩出水面。由此可以看出重爪龙很有可能以鱼为食，当然它也可以用大爪来抓取两栖动物。

这就是我的厉害武器，没有猎物能从我的"手上"逃生。至于我吃不吃鱼，你们自己去探索吧！暂且不告诉你们了。

科学家推断，重爪龙独特的口部和圆锥形的牙齿，使其不会进食长 9 米以上的健康的肉食性恐龙。但在重爪龙的胃部找到的小禽龙的骨头碎片证明，这种恐龙会以其他恐龙的尸体为食。

科学家在对重爪龙的模式样本进行分析的时候，发现它的胃里还有鳞片和鱼骨的残骸，这说明重爪龙可能是食鱼动物。在进一步分析重爪龙的骨密度后，科学家推测，它很有可能会在湖泊、沼泽或河流中徘徊，利用高密度的骨头让自己下沉，潜在水下捕捞鱼类。

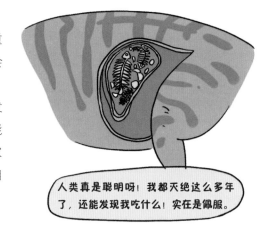

人类真是聪明呀！我都天绝这么多年了，还能发现我吃什么！实在是佩服。

到目前为止，重爪龙化石的发现地主要集中在英格兰南部和西班牙北部。早在白垩纪时期，这些地区温暖、湿润，拥有大量的河流湖泊，鱼类资源丰富，非常适合重爪龙这样的恐龙生存。它逐渐演化出适合捕鱼的身体构造，用圆锥形的利齿咬住滑溜溜的鱼身，然后整个吞下去，如同大灰熊一般。

鱼啊鱼，我看你往哪里跑！

甲龙科

全副武装的"坦克"——包头龙

包头龙是一种植食性恐龙，身长6～7米，体重有2～3吨。身披重甲是甲龙科恐龙的主要特征，而包头龙在一众甲龙中又显得格外与众不同，因为它连眼睑都被重甲包裹，这是真正的"全副武装"。不要小看包头龙的盔甲，构成盔甲的每一片骨板都排列得井然有序，牢牢地镶嵌在皮肤里，给包头龙提供全方位的保护。

看到我身上的"装甲"了吗？我的身体就靠它们保护呢！

包头龙不但有"密不透风"的盔甲，还有尖利的骨刺，就像绝大多数的甲龙一样。这些骨刺大小不一地排列在包头龙的身上，有的甚至长达十几厘米，使包头龙能够真正地做到"进可攻，退可守"。

包头龙最厉害的武器，实际上是它自己的尾巴。它的尾巴又粗又硬，尾端还有一个重重的骨锤。当被大型肉食性恐龙攻击的时候，它就使劲地挥舞尾巴，去抽打敌人的腿部或肋骨。包头龙甩动尾巴的力量很大，谁要是被它的尾锤击中了，立即就会被打断骨头，受到致命的伤害。

我的身上不只有"装甲"，还有尖尖的"利刃"，如果要攻击我，可要想清楚哦。

叫你不要惹我，这下尝到我的厉害了吧，你的骨头已经被我打断了，可别小看我的尾锤！

虽然包头龙的头被骨板包围着，但它体形较小，行动敏捷，能避开大型恐龙的侧面攻击，还是有一定的灵活性的。包头龙的颅骨扁扁的，在三角形的颅骨里大脑只占据了非常小的空间，如此小的脑容量，令人不得不猜测包头龙是不是不太聪明。包头龙的牙齿很小，如钉子一般，适于吃植物。它嗅觉灵敏，还会自己挖坑找出被浅埋的植物根茎呢。

我虽然不是很聪明，但我的嗅觉很灵敏，埋在地下的食物也能被我发现呢！

包头龙宽厚如水桶般的身躯里装载着一套构造极为复杂的肠胃系统，以便它更好地消化和吸收食物中的养分。包头龙有着长而回旋的肠子，能很好地吸收食物中的养分。它的肩胛骨十分粗大，与之相连的肱骨也很强壮，并且有突脊。它的髂骨呈棚架状，比较宽阔，附着在髂骨上的肌肉能带动后肢，还能牵引尾巴甩动尾锤。它的心脏、肺等内脏由粗壮而弯曲的肋骨包裹着。

包头龙的后肢比前肢大，四肢都有像蹄的爪。当与别的恐龙起了冲突，实在打不赢的时候，它就会用四肢死死地抠住地面，然后仗着一身的厚"装甲"，让敌人无处下口。这时，进攻它的恐龙通常也不会冒险将这个满身是刺的家伙翻过来攻击其"弱点"——没有装甲的腹部。毕竟，捕捉包头龙是一件很危险的事。

你不是很厉害吗？有本事就将我翻过来呀！看你敢不敢碰我！

你这是耍赖呀！知道我拿你的背部没办法，就故意将腹部藏起来。

"装甲战士"——甲龙

　　甲龙意为"僵硬的蜥蜴"，是一种全身都披着"铠甲"的植食性恐龙，生活在距今 7000 万年前到 6500 万年前的白垩纪晚期，分布在北美洲。甲龙是甲龙科恐龙中最大的成员，身长 10 米，体重可达 4 吨。

　　在白垩纪晚期，剑龙科的恐龙消失了，甲龙科的恐龙接替了它们。作为装甲恐龙族群中最后灭绝的一支，甲龙拥有极强的自我保护能力，以适应地球的环境，让自己不至于被淘汰出局。

　　甲龙的身体极为笨重，后肢比前肢要长，不适合奔跑，只能在地上慢慢地爬行。远远看去，甲龙就像一辆缓缓前进的坦克，也因为这样，有人称其为"坦克龙"。

唉！我的体形实在是太笨重了，后肢又太长，导致我现在只能慢慢爬行！我还是很羡慕其他能用四肢行走的恐龙的。

　　从自卫手段来看，甲龙的自卫发展到了顶点。在甲龙又宽又平的脑袋上，不但覆盖着能盖住面部的厚甲板，而且上方还有着看起来坚韧无比的三角形突棘，远远看上去，甲龙就像戴着一个钢铁头盔。它全身披着的厚重的甲骨，包含了坚实的结节和甲板，嵌入皮肤。它的颈部、臀部和身体两侧都覆盖着骨质甲片，有的部位还竖立着匕首般锋利的刺。

我头上有头盔，身上有甲板，其他恐龙能奈我何？

正是因为有这样严密的防范措施，大部分的肉食性恐龙都不敢靠近甲龙，也难怪它顽强地存活到了最后。如果没有这身铠甲，在面对比自己灵活得多、体形更大的掠食者时，甲龙就只有束手就擒的份儿了。

甲龙长着一条如高尔夫球棒般的尾巴，也是由几块甲板组成的。它的尾巴直直的，是它身上除甲板之外又一个有力的保护武器。通过连接尾巴和脊骨的肌腱，甲龙可将力量传至尾巴末端的尾锤，给敌人以沉重的打击。

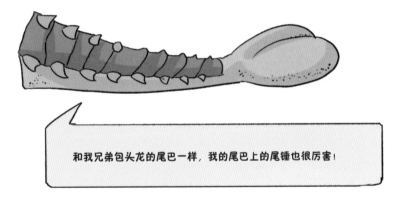

甲龙是爬行动物时代自我保护最好的植食性恐龙之一，但是当白垩纪结束时，它也像大多数恐龙一样从地球上消失了。在许多和恐龙相关的影视作品中，如《侏罗纪公园 3》和《历险小恐龙》，都有甲龙的影子。

鳞甲覆盖全身——棱背龙

棱背龙又被称为踝龙，是一种极原始的鸟臀类植食性恐龙。棱背龙与其他恐龙相比非常小，只有3～4米长。它的头部较小，而颈部则相对较长。

在侏罗纪早期，山丘上到处都是翠绿的裸子植物和蕨类植物。翼龙在一望无际的天空中飞过，巨大的肉食性恐龙无处不在，植食性恐龙必须时刻小心。棱背龙就生活在这种环境中。

由于植食性恐龙大多行动缓慢，所以体形较大的植食性恐龙便慢慢长出了"铠甲"，将自己武装起来。比如，棱背龙从脖子到背部，甚至头部，都有成串的骨质护板。这些骨质护板被称为鳞甲，鳞甲的形状与大小因其生长部位不同而有所不同。

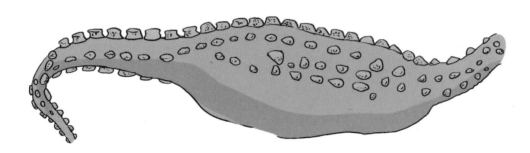

在这些骨质护板之间，有许多圆形的小鳞片，就连腹部也覆盖着这样的鳞片。这个时期的很多恐龙，并没有强健的肌肉、锋利的爪子和尖尖的牙齿。由于身披装甲，棱背龙就显得有些"有恃无恐"。当遇到危险的时候，棱背龙只需要不慌不忙地蹲伏在地上，让尖利的背部面向掠食者，就可以躲过一劫。因为大多数掠食者都对棱背龙背上满满的利刺束手无策。

和其他甲龙科恐龙相比，棱背龙的头部较小，但它的颈部比较长。它长有弯曲的下颌和独特的头盖骨，虽然上颌前段有牙齿，却不是用来咀嚼的，而是用来切断、咬碎植物柔软的细枝和嫩叶的。

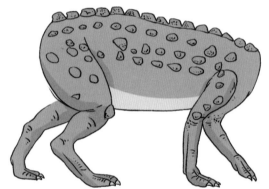

棱背龙的四肢很健壮，承受着全身的重量。前肢略短于后肢，后肢下半部的骨头较粗短，有四根脚趾。前肢的掌部宽大、强健，并长有蹄状的爪子；后肢的掌部较长，长有三根长趾和一根短趾，趾头可能长有肉垫。

棱背龙前肢的掌部和后肢的掌部一样宽，看起来很适于分担身体的重量。棱背龙偶尔会直立起身体去吃枝叶，但平常似乎是靠四肢行走的。

在当时的环境下，多数的棱背龙都会刻意避开肉食性恐龙。它们低垂着头，接近地面，吃真蕨类、马尾草和苏铁一类的低矮植物，偶尔会蹒跚着走到小溪边喝水。

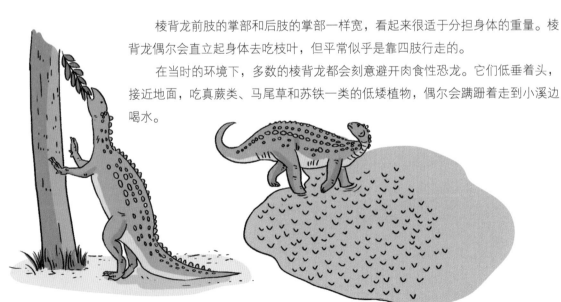

变成刺球开启防御——小盾龙

在侏罗纪早期，北美洲大陆上有一种灵活小巧的植食性恐龙——小盾龙。它是最早既能快跑又有装甲的恐龙物种之一，于 1981 年被命名。它和棱背龙都属于早期的鸟臀类恐龙，与甲龙和剑龙的祖先有着很近的血缘关系。

我和甲龙原来还是"亲戚"。

小盾龙体态轻盈，全身约长 1.2 米，尾巴约长 0.7 米，臀部约高 0.3 米。狭长的身体、纤细的四肢及延伸加长的尾部，使小盾龙的外形很像今天的蜥蜴。它四肢长短均衡，体形小巧，不仅灵活善跑，身上还有轻型装甲，所以其学名的意思是"有细小鳞甲的爬行动物"。当遇到敌害袭击时，小盾龙会蜷起身体，成为一个刺球。

小盾龙的头部和其他植食性恐龙的头部有很大的不同，它的上下颌中分布着叶状的牙齿，可以用来磨碎食物，但没有大多数植食性恐龙都有的颊囊（也称"食囊"，当遇到好吃的东西时，它们就会暂时将其储存在那里，导致腮帮子处鼓出来两个肉球）。小盾龙的身上长满了骨质棱鳞，这是它最有效的防御武器。

小盾龙最突出的特征就是它的装甲，它狭长的身体上覆盖着 300 多块细小的骨质棱鳞，分布在背部、体侧和尾巴基部，起着保护作用。骨质棱鳞沿着背部排列而下，形成了一个布满钉刺的脊背，这种装甲坚硬而锋利。

虽然有一副这样坚硬的装甲，但是小盾龙的胆子很小，当遇到危险的时候，它的第一反应往往是逃跑。如果实在跑不了，小盾龙就会像穿山甲一样把身体团成一个球，把柔软的腹部藏起来，用背上的骨质棱鳞来抵御敌人的攻击。

面对这样一个"刺球"，一般的肉食性恐龙只能无奈地看着，拿它毫无办法。如果它们贸然上前撕咬，很可能不但吃不到小盾龙，还会让自己受伤，最后只能悻悻地离开。

在恐龙时代，为了躲避攻击者的袭击，很多植食性恐龙都"掌握"了独特的对付攻击者的"本领"。生活在北美洲的小盾龙就练就了独特的生存技能——"铁布衫"。小盾龙在遭到袭击时，就会蜷起身子，将硬甲对准攻击者。任何大型的肉食性恐龙叼起此时的小盾龙，都会感到满口骨刺，极不舒服。在现存的动物中，穿山甲的鳞甲可能与小盾龙的鳞甲最为相像。

小盾龙四肢纤细，虽然它的后肢并不像当时其他植食性恐龙那么长，但它的身体在臀部平衡得很好。小盾龙的前肢上有细小的带五只指爪的掌部。和大多数恐龙比起来，小盾龙的前肢要长得多。小盾龙的尾巴细小且非常长，占身长的一半以上。所以小盾龙也可以用后肢行走，借助长长的尾巴来保持身体平衡。

作为体形不大的植食性恐龙，小盾龙在食物丰富的丛林中觅食。在这种危险的环境中，它必须时时刻刻提高警惕，稍有危险接近，便迅速消失在矮树丛中。如果它在没有防备的情况下遇到肉食性恐龙的袭击，它的鳞甲能够帮它抵御一会儿。

看不到我，看不到我，看不到我……

刚刚还在，一转眼去哪儿了？

剑龙科

擅长追寻湿润土壤——钉状龙

钉状龙属于剑龙科，身长 4.9 米，只有剑龙的一半，是剑龙科恐龙中的小个子，跟一头大犀牛差不多大小。即便和生活在同一区域的其他恐龙相比，钉状龙仍然显得十分小巧，毕竟在钉状龙所在的地区，隔壁邻居就是腕龙那样的庞然大物。

从钉状龙这个名字就可以知道，它的全身都有防身的骨刺。这些骨刺沿着颈部与肩膀排列。在身体的前半部分，骨刺较粗且短。背部后方与尾巴上通常有 6 到 7 对尖刺，如树叶般细长。除此之外，钉状龙的双肩两侧还长着一对向下的利刺。

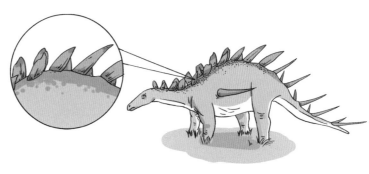

虽然我不主动攻击别人，但别人也休想动我一分一毫！

当钉状龙遇到危险时，背上的骨刺就会发挥极大的作用，常常把掠食者扎得鲜血淋漓。如果掠食者从钉状龙的身后接近，它会用尖锐的尾刺刺向它；如果掠食者从钉状龙的两侧来犯，它就会摆动长且多刺的尾巴保护自己。

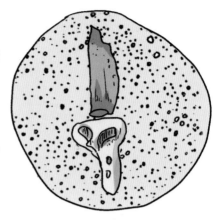

大多数剑龙科恐龙尾部的神经棘向后倾斜，钉状龙则有些不同，它第十八节以后的尾骨神经棘倾向前方，所以这也可以成为它的独特特征，作为确定化石"身份"的证据。另外，钉状龙的尾部还长着具有保护作用的人字骨，它的外形有点像犁头，估计可以在钉状龙的尾巴拖到地上时起到保护的作用。

钉状龙是植食性恐龙。它的头部与身体相比实在太小，嘴部有小型颊齿，但不同于其他鸟臀类恐龙。剑龙科恐龙的牙齿普遍都很小，而且牙齿的磨损面十分平坦，在进食的时候它们的颌部往往只能做上下运动。但是钉状龙是剑龙科恐龙中特立独行的存在，因为钉状龙的颊齿呈现出独一无二的铲状结构，并且它们的齿冠并不对称。

钉状龙会用短粗的四肢载着沉重的身躯行走，啃食地面上低矮的灌木植物，也能靠后肢站立，去食用较高的树枝、树叶。

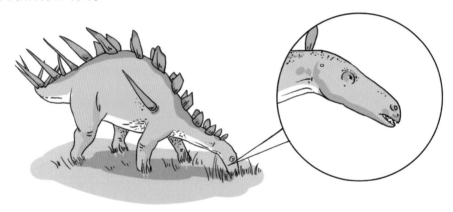

由于体形"娇小"，在腕龙横行的地区钉状龙大多数时候主要以贴近地面的低矮灌木为食。不过别担心，聪明又有耐心的钉状龙总能找到可口的食物。

即便在浅根植物因为干旱而枯死的时候，钉状龙也能在河岸附近找到生长的植物。

我就不信河边也没有植物。

最原始的剑龙——华阳龙

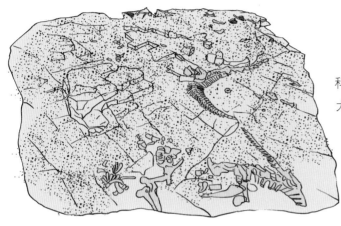

华阳龙是生活在侏罗纪中期的剑龙科恐龙。1980 年，在我国四川省自贡市大山铺恐龙动物群化石点，科学家发现了华阳龙的头骨化石，这是迄今为止发现的最原始的剑龙化石。因为古时候这一带称华阳，所以这种恐龙被命名为"华阳龙"。

华阳龙有一个小小、扁扁的脑袋，它的口前端保留着两排细小的牙齿，就像小树叶一样，用来咬断植物的枝叶。

拥有牙齿、背部有对称排列的骨板，这些典型的特征说明了华阳龙的原始性。同时，华阳龙生活的时代比北美剑龙早了 2000 万年，因此有科学家提出了"剑龙起源于亚洲"的假说。华阳龙的发现为证明"剑龙起源于亚洲"提供了依据，对研究剑龙的起源和演化具有重要意义。

华阳龙身长约 4 米，体重有 1 ~ 4 吨。它长着较小却很厚重的头部，从上面向下看，就像一个三角形，从侧面看，前面较高，后面较低。华阳龙前肢比后肢短小，前肢有 5 根指头，而后肢却只有 4 根脚趾，带有不太锋利的爪，这也显示了它不是肉食性恐龙。

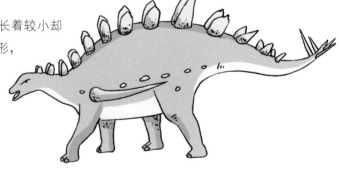

华阳龙就像一个长满棘刺的"刺儿头"，它的后背对称排列着两排又尖又细的骨板，从头到脚一共有 16 对，即 32 块骨板。臀部上方最高的几块骨板，就像几把大尖刀矗立在骨盆上。肩部有一对向后弯曲的长长的棘刺，尾部也有两对棘刺，每个棘刺都足足有 40 厘米长。每当华阳龙遇到危险的时候，只需要调整好角度并挥动它"狼牙棒"般的尾巴，就可以痛击敌人，使敌人无法近身。

别看华阳龙是世界上最小的剑龙，还是性格温和的植食性恐龙，它的杀伤力不可谓不强，连肉食性恐龙都拿它没办法。

华阳龙的牙齿非常细小，成叶片状。嘴巴的前端有犬状齿，但构造简单，只能食用细小的植物。华阳龙与生活在同时代、同地区的蜀龙、峨眉龙等相比，显得较为矮小，这限制了它的取食范围。当蜀龙、峨眉龙等体形较大的恐龙仰起脖子大嚼高大树木上的叶子时，华阳龙只能啃食地面附近低矮的蕨类植物。

华阳龙的腿部比较粗短，所以专家认为这种恐龙行动起来可能比较迟缓，这似乎更容易使它成为气龙等肉食性恐龙的捕食目标。

受限于低矮的身高，华阳龙往往只能在长满蕨类植物的河边进食，而在侏罗纪中期，这样的地方一般没有高大的树木作为掩体，所以跟在妈妈身边的华阳龙幼崽往往是其他肉食性恐龙的首选目标。

但在成年华阳龙尖利的"防御武器"的震慑下，气龙等捕食者也不敢轻举妄动，所以只要待在妈妈身边，华阳龙幼崽还是很安全的。

小宝贝，你要乖乖地跟在我的身边哟，不然会有危险！

头部最小的恐龙——剑龙

"剑龙"是一种生存在侏罗纪晚期、行动迟缓的植食性恐龙，是剑龙科恐龙中体形最庞大的成员。剑龙全身长大约 7～9 米，有 2～4 吨重，但头部却小得出奇。

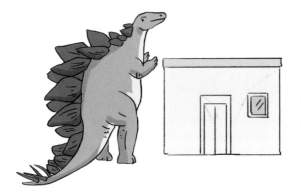

剑龙身躯庞大，靠四肢行走，行走时小小的头保持着低垂的状态。它的前肢有 5 个脚趾，后肢有 3 个脚趾，前肢比后肢短，所以它的姿态变得前低后高。它的臀部较高于肩部，整个身体成弓形。当剑龙站立时，能超过一层楼的高度。

剑龙的背部平行交替排列着 17 块板状骨头。科学家发现这些骨头没有直接附着在背部骨骼上，而是长在皮肤中。剑龙的尾巴末端还长有两对足足有 1.2 米长的尖刺。在与剑龙搏斗时，敌人稍不注意就会被这些"长剑"刺入身体。

剑龙的颈部、背部和尾巴上都分布着薄而直立的骨板，背上的骨板最大，颈部和尾部的骨板最小。不少人认为，剑龙背上两排大大的骨板是用来调节体温的，但据科学家研究，剑龙的骨板并不具备这个功能。后来美国的化石研究者认为，剑龙的骨板只不过是为了防御而演化出来的，这是它的自卫武器。但也有不少人认为剑龙在群体内部要靠骨板分辨同伴。

剑龙的尾巴并不像大部分鸟臀类恐龙的尾巴一样竖起来，它的尾巴柔软且容易弯曲，比较适合拖在地上。当剑龙直立起身体时，尾巴和后肢就可以形成一个三脚架，支撑起全身的重量。

我的尾巴可是很厉害的！

剑龙尾巴末端的两对尖刺向外及向后伸出，表面还覆盖着角质层。一旦有掠食者来袭，剑龙就会在对方的侧面站立，挥动尾巴御敌，在对方身上割出一道道深深的伤口。

剑龙的头部和嘴巴相对较小。像大多数植食性恐龙一样，剑龙的嘴前面没有牙齿，只有一个喙。在它下颌的两侧，有一些细小的、手指状的颊齿，用来咀嚼柔软的植物。剑龙的牙齿只有小指甲那么大，并不适合咀嚼大量的植物性食物。科学家们曾对它如何吃到足够的食物来维持这么大的身体而感到困惑。在对剑龙的头骨进行CT扫描后，科学家重建了它的下颌肌肉，并计算出它咬合的力度。科学家认为，事实上剑龙下巴的工作效率非常高，它的咬合力跟牛相当，这使得剑龙非常擅长切碎和研磨植物。科学家推测剑龙可能以蕨类植物或苏铁等植物为食。

科学家在对剑龙的头部进行研究后发现，它的脑容量只有一个核桃般大小，与整个身体比起来，就显得更加渺小，由此可以推测，剑龙是一种很笨的恐龙。不过这种推测已经被广泛否定了。

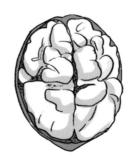

具有重要研究价值——沱江龙

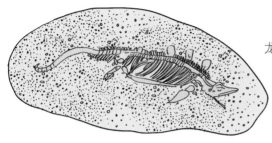

沱江龙生活在侏罗纪晚期，是剑龙科的植食性恐龙。沱江龙是亚洲有史以来发掘到的第一种完整的剑龙科恐龙。沱江是长江的一条支流，沱江龙发掘于此，也因此而得名。

沱江龙属只有一个种，即多棘沱江龙。多棘沱江龙到底有多少对棘呢？答案是 17 对！因此，多棘沱江龙是剑棘最多的恐龙。

从头到尾，多棘沱江龙身上的剑棘分别为靠近脖子的桃心状小骨板、背部对称的等腰三角形状的剑板，以及尾部两对又大又重的棘状尾刺。

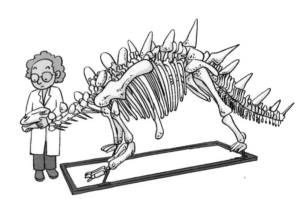

这些剑棘对多棘沱江龙起到了强大的保护作用，以便它逃脱凶猛的肉食性恐龙的"魔爪"。

事实上多棘沱江龙身上的大多数剑板都不是特别结实，这些剑板内部布满了孔隙，并不具备足够的硬度，也不能完全地起到防身的作用。难道这些剑板还有别的用处？

科学家在最新的科学研究中提出了一种推论：剑板是多棘沱江龙调节体温的工具。而前面说到的剑板内部的孔隙，可能是血管通过的地方。

多棘沱江龙可以通过控制流经剑板内部的血液量的大小，调整吸热或散热状态，达到调节体温的目的。当剑板中血液的温度升高时，热量就通过血管流遍全身，帮助多棘沱江龙调节身体的温度。

我的剑板可有用了，有了它，我的身体更暖和。

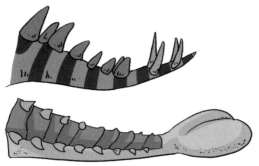

对于一只体形巨大、行动缓慢又不太聪明的植食性恐龙来说，没有一两件防身利器怎么能在弱肉强食的恐龙世界里立足呢？多棘沱江龙特别的尾巴便因此而生。多棘沱江龙的尾巴末端有两对向上仰起的利刺，可以像甲龙的尾锤一样痛击敌人。这种尾巴可能是植食性恐龙在进化过程中出现的一种特别的"装备"。

跟我一样吃植物的恐龙，都有类似的防御武器。

多棘沱江龙的牙齿很特别，它的嘴前半部分并没有牙齿，仅仅在后半部分有一些小小的且很脆弱的颊齿，这种牙齿并不能充分咀嚼一些相对坚硬的食物。因此，科学家们推测，多棘沱江龙在进食的时候，可能只是将食物在嘴里象征性地咀嚼几下，分成可以吞咽的小部分，然后就直接吞到肚子里去了。而真正帮助多棘沱江龙弄碎食物的，可能是它胃中的小石块，又称"胃石"。

牙长这样只能吃吃叶子了。

细嚼慢咽，有利于消化，也能让我更好地吸收营养。

这样吃东西，真的挺费劲。

作为一种温和的植食性恐龙，多棘沱江龙常常穿梭于灌木丛中寻找它爱吃的蕨类植物和苏铁。苏铁就是我们常说的铁树，是目前现存最古老的种子植物，有"植物活化石"的美称。苏铁的出现，大约要追溯到 3.2 亿年前的古生代石炭纪，苏铁是恐龙时代植食性恐龙的主要食物来源。

角龙科

拥有美丽壮观的颈盾——戟龙

在庞大的角龙科族谱中，有这样一种恐龙，它生活在白垩纪晚期的北美洲大陆，是植食性恐龙的一种，它就是我们今天的主角——戟龙。戟龙又叫刺盾角龙。它的嘴呈喙状，颊齿平坦，身形紧凑，有一条短小的尾巴。戟龙的成年个体身长约5.5米，体重达3～4吨。戟龙的身体非常笨重，很像今天的犀牛。

从外形上看，戟龙与三角龙相似。戟龙靠强健的四肢支撑起庞大的身体，它长着像鹦鹉一样弯曲的喙，可以采食低矮植物的叶子。

像不像现在的孔雀？雄孔雀会开屏吸引雌孔雀。

戟龙有一颗硕大的头颅，头盾上长着4～6个尖角，远远望去非常威武、霸气。鼻骨上方长有一个60多厘米长的可怕的尖角，这个尖角具有防御和攻击的功能。其颈盾多皱，上方有大型的开口，侧边长有稍短一点的尖刺，能够有效地保护颈部。强壮、威武的雄性戟龙颈盾上的尖刺极为壮观、美丽，而雌性戟龙的尖刺可能并不发达。科学家们猜测，雄性戟龙长着美丽壮观的颈盾是为了吸引异性戟龙。

戟龙的拉丁文名为 Styracosaurus，意思是"有尖刺的龙"。那么，我们为什么称它为"戟龙"呢？

原来是因为戟龙的颈盾在俯视的角度下非常像我国古代十八般兵器之一的戟。因此，科学家便给它起了"戟龙"这个名字。戟龙的尖角和颈盾上的尖刺，都是"进可攻，退可守"的利器。

戟龙是一种外形很特殊的植食性恐龙，能够很容易被辨认出来。戟龙的鼻骨上长着一个巨大而直立的尖角。很多肉食性恐龙由于忌惮戟龙重型武器般的大脑袋，轻易不敢来犯。即便有胆子大的恐龙前来挑衅，大多数时候戟龙也并不需要参战，它只需要摇一摇威武、霸气的大脑袋就能吓退大多数侵犯者。

看到我鼻子上的尖角没？你敢过来我就敢刺你！

如果真的打起来，戟龙也不是没有弱点，毕竟它颈盾上的尖刺实际上并没有多少杀伤力。戟龙真正的撒手锏实际上是它鼻骨上的尖角，这是一个令对手望而生畏的武器。这个尖角无论是在长度上还是在硬度上都足以给侵犯者带来毁灭性的打击，它几乎可以刺穿任何侵犯者。同时，它颈盾上的其他尖角，也是有效的反击武器。

虽然有了这么多的武器，但戟龙一般不轻易参加战斗。很多时候，它只是在虚张声势地展示自己的武器，只需要晃晃满头的尖角和尖刺就能吓退多数侵犯者。靠这种方法，戟龙能让不少敌人退避三舍。

戟龙头上有很多装饰物，有些戟龙头盾下的脸颊两侧长有一些较小的角，而另一些则在面部长有单独的凸起。原来，就像人类一样，戟龙的面部并不完全相同，不同的戟龙有不同的长相。

我们当然有不同的长相啦，不然我们怎么区分彼此？

大家团结起来，才能更好地防御敌人！

作为群居动物，戟龙的邻居大多是角龙科恐龙或者其他植食性恐龙。大家共同生活在一片茂密的丛林里，戟龙主要的食物来源应该是苏铁和棕榈。有趣的是，在季节更替的时候，戟龙还会像现在非洲草原上的角马一样进行大规模的迁徙。

脑袋最大的恐龙之一——牛角龙

牛角龙又称"凸角龙"，拉丁文意为"巨型爬行动物"，大约生活在白垩纪晚期的北美洲大陆，是一种温和的植食性恐龙。牛角龙体形庞大，其壮观的头部就占据了躯干的二分之一，它是已知白垩纪时期陆地上头部最大的动物之一。

牛角龙硕大的身躯长达 8 米左右，大约有 4 ~ 6 吨重。它身材健硕，四肢粗壮，巨大的头盾是它的显著特征。另外，牛角龙的头部还长有 3 个锋利的角，这是它抵御敌人的主要武器。

牛角龙的头盾与头骨相连，当牛角龙低下头时，它那巨大的头盾就会巍然矗立在你眼前，整个头部巨大到即便你在很远的地方也能一眼就看到它。这个头盾并非铁板一块，巨大的头骨会增加颈部的负担，因此头盾包裹的头骨里长有窗口状的孔洞，用来减轻头部重量和颈部负担，进而提高头部的灵活度。

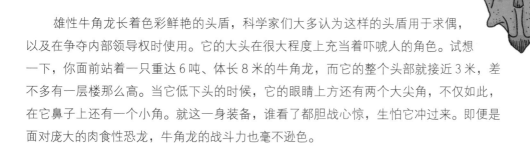

雄性牛角龙长着色彩鲜艳的头盾，科学家们大多认为这样的头盾用于求偶，以及在争夺内部领导权时使用。它的大头在很大程度上充当着吓唬人的角色。试想一下，你面前站着一只重达 6 吨、体长 8 米的牛角龙，而它的整个头部就接近 3 米，差不多有一层楼那么高。当它低下头的时候，它的眼睛上方还有两个大尖角，不仅如此，在它鼻子上还有一个小角。就这一身装备，谁看了都胆战心惊，生怕它冲过来。即便是面对庞大的肉食性恐龙，牛角龙的战斗力也毫不逊色。

那么牛角龙是如何"打架"的呢？我们可以猜测一下，作为温和有礼的植食性恐龙，在开战前牛角龙应该会展示一下自己硕大的头盾，表示自己的强壮和不屈服，希望对手能知难而退。如果这时候对手毫无退意，甚至有点跃跃欲试，那没办法，牛角龙为了守护自己的领地和尊严只能应战。鉴于牛角龙壮硕的身躯和尖利的顶角，我们猜测它应该不会选择快速突击的进攻方式，而应该先张开四肢站稳，低下头，尖角向前，然后和对手进行一场关于力量的角逐。

别看牛角龙头大，它的大脑容量却十分小，因此，科学家猜测牛角龙并不是一种十分聪明的恐龙。

在白垩纪时期，开花植物刚刚出现，它们的生长范围也有限。所以牛角龙一般将针叶类植物和蕨类植物作为自己的食物，它能用锐利的喙状嘴咬断并直接吞下坚硬的树叶。

作为一个力量型选手，牛角龙需要摄入足够的养分来维持身体的强壮，因此牛角龙需要获取大量的食物。但又因为它的咀嚼能力实在跟不上日益见长的食量，所以它便采取了吞咽的进食方式：先将食物大口大口地塞进肚子里，再依靠消化系统来消化食物并吸收这些食物的养分。

用角来决定谁当老大——三角龙

三角龙生活在白垩纪晚期，多分布在北美洲，是已知体形最大的角龙科恐龙。三角龙被发现的时间是最晚的，不过好消息是发现的数量是角龙科里最多的，科学家推测它应该是存活到最后的恐龙之一。三角龙的身躯庞大，四肢健壮，尾巴较短，全长7～10米，仅头部的长度就等于

别看我长得壮，跑起来我可是一点都不慢。

一个人的高度，体重达6～12吨，与一头亚洲象相当，是当时最大的陆地动物之一。别看三角龙体形庞大，它们的奔跑速度很快，每小时可达35千米。除此之外，三角龙的身体结构与戟龙等角龙科恐龙相似，只是身躯要比这些恐龙庞大。

我的角可是很厉害的！

三角龙有一个宽大的颈盾，头上长有两根一米多长的眉角和一个较短的鼻角，这样的模样可以令人联想起现在的犀牛。毫无疑问，三角龙已经演化出坦克一般的体形，是白垩纪最强的植食性恐龙。三角龙看起来似乎骁勇好战，但实际上是一种温驯的植食性恐龙，那些尖角只不过是它的防御工具。

你看得见我吗？

就像所有长着颈盾的角龙科恐龙一样，三角龙的脸部扁长，口鼻部也很长。其头部后方的骨骼延长并形成巨大的、实心的颈盾。三角龙华丽多彩的颈盾的作用可多了，不仅可以在当时的自然环境中形成保护色和恐吓敌人，又可以像绚丽多彩的孔雀尾巴一样作为炫耀、求偶的工具呢！虽然三角龙的尖角和颈盾使它拥有了完善的攻防武器，但也让它的头部十分沉重。

三角龙的面部扁且长，嘴巴呈喙状。这样的嘴巴适合抓取和拉扯食物。在它喙状的嘴巴里长有 432 ~ 800 颗牙齿。它的牙冠外侧有一层牙釉质，增加了牙齿的硬度，但是其他各面都没有。所以没有牙釉质的面就很容易磨损，好在三角龙的牙齿可以不断地生长，长出的新牙不断取代那些折断、掉落的旧牙。

三角龙一般成群结队地生活在一起。它们性格温顺，但这并不代表它们在被激怒后仍然逆来顺受。当它们遇到敌人时，会像野牛一般围成一圈，让老弱病残的同伴待在里面，身强体壮的三角龙会放低头部，伏下身子，将长长的角朝向敌人，组成一道铜墙铁壁。这时候，它们强有力的颈盾也会竖立起来，展示出强壮的身体及巨大的承受力，再厉害的恐龙也拿它们没有办法。

像现在的许多动物一样，雄性三角龙之间也会以角斗的方式来争取领导权和对异性的支配权。在群体的新首领产生后，新首领会承担起保护整个群体的责任。颈盾和 3 个尖角是雄性三角龙在互相对抗时用于炫耀的身份象征。

拥有第一张有角的脸——原角龙

原角龙是角龙科恐龙中较为原始的种类，其希腊文意为"第一张有角的脸"（意思为角龙科恐龙中第一种脸部有角的恐龙），它生活在白垩纪晚期。其实从名字就可以看出，原角龙是早期的角龙科恐龙，所以，它并不像其他角龙科恐龙那样有着突出明显的角状物，只在头上长着像褶边一样的装饰物，而且雄性原角龙的装饰物比雌性的要大些。

原角龙是一种短肢四足动物，身长约 1.8 米，肩膀高度约为 0.6 米。成年原角龙的体重约 180 千克，是一种体形较小但身体非常结实的恐龙。它长着大大的脑袋和粗短的身体，头上还没有进化出角，只是在鼻骨上有一个小小的凸起。

嘿嘿，我有盾牌，你咬不到我！

原角龙的颈部和头部后方有大型颈盾，颈盾由大部分的颅顶骨与部分鳞骨构成，远远望去，颈盾就像盾牌一样套在头上。同时，为了减轻不必要的重量，原角龙的颈盾骨骼上还有两个开口。这个颈盾的存在起到了保护的作用，让原角龙在受到肉食性恐龙的攻击时，避免被咬断脖子。

原角龙拥有一张像鹦鹉的喙一样的嘴巴。原角龙的颌骨非常强壮，并且长有牙齿。同时，原角龙的骨质褶边上还附着着从头骨后侧到下颌的肌肉组织，这层肌肉组织叫作颞肌。颞肌可以很好地带动下颌进行撕咬、咀嚼等动作。因此，原角龙和在它之后出现的各种角龙科恐龙，往往具有比其他植食性恐龙更加强大的咀嚼能力。

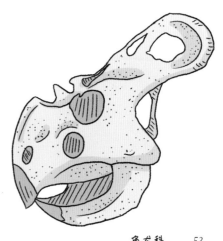

原角龙长着中等大小的头部，是一种比较聪明的恐龙。原角龙的化石一般都是成群被发现的，因此，科学家推测，原角龙是一种群居性的恐龙。它短小的四肢要承载身体的重量，走得比较慢，身体也不太灵活，因此群居有利于它进行自我保护，以抵御敌人的侵犯。

没办法，我就是走得很慢。

雌性原角龙在交配之后，会先在沙地上挖一个坑，在里面产出恐龙蛋，再用沙土盖上，借助太阳的热量进行孵化。有趣的是，在生蛋的时候，几只雌性原角龙会在一个沙坑里轮流生蛋。

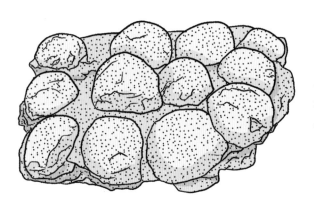

1923年，科学家在我国内蒙古自治区发现了原角龙蛋的化石。原角龙的蛋呈椭圆状，蛋壳是钙质的，表面粗糙，有细小而曲折的条状饰纹。

棱齿龙科

恐龙时代的快跑者——棱齿龙

棱齿龙生活在距今 1.22 亿年前的白垩纪早期，是一种个子不高、善于奔跑的植食性恐龙。棱齿龙身长 2 米左右，臀高约 1 米，体形小，动作敏捷，具有敏锐的观察力。

如同大部分小型恐龙，棱齿龙是二足恐龙，并用二足奔跑。棱齿龙的后肢不但修长，而且优美。其胫骨瘦长，大腿粗壮，小腿比大腿长。棱齿龙的"手指"虽然看起来又短又粗，但是指尖上长着尖利的爪子，可以抓扯或者捧着食物。

棱齿龙的腿部肌肉非常发达，可能是逃生的本能促使它热爱奔跑，并被科学家授予"鸟脚类恐龙中速度最快的恐龙之一"的称号。

棱齿龙的生活习性很像今天的非洲瞪羚。虽然它有着较高的警觉性，但是胆子很小，通常都是集体活动。对身材纤弱的棱齿龙来说，逃跑是它唯一的自卫方式。不过好在它非常灵活，不会傻乎乎地跑直线，可以靠迂回奔跑来躲避攻击。

别过来！

这种自卫方式能大大提高个体生存率，同时也可以保证种族的延续。如果棱齿龙被逼到走投无路的境地，它也不会束手就擒，而是会伸出大尖钉一样的拇指戳刺敌人，反抗到底。不过可惜的是，鉴于力量的悬殊，这个时候的棱齿龙往往难逃厄运。

棱齿龙的头部较小，头上长有大而锐利的眼睛，开阔的视野能让它早早地发现靠近自己的肉食性恐龙。棱齿龙的上颌牙外侧有竖直的棱状釉面，但大多数下颌牙的内侧有较厚的棱状釉面，并且棱状釉面有大小之分。这些棱状釉面的存在大概就是"棱齿龙"名字的由来。

棱齿龙的上颌牙牙冠向内弯曲，下颌牙牙冠微微向外弯曲，这也是鸟脚类恐龙的一个重要的特征。

棱齿龙的身形决定了它只能吃低处的蕨类植物，在食用植物时，它会先用嘴喙咬下蕨类植物的叶子，并塞入宽大的颊袋中，然后用力地咀嚼，将食物磨成浆，以便吞食。

不知道那些长在高处的树叶好不好吃。

古生物学家曾将棱齿龙的腿长及步幅数据和现代动物的进行对比，得出一个参考数据：棱齿龙的奔跑速度可能达到 45 千米 / 小时。当棱齿龙感知到周围有危险的时候，它会快速奔跑离开让自己感到不安的地方。

古生物学家在棱齿龙的化石中发现有些个体靠得很近，由此推测，棱齿龙是一种群居动物。因要谋求生存，在群体里的大部分成员低头进食时，必须要有部分棱齿龙环顾四周，防范危险。

原始的鸟脚类恐龙——盐都龙

盐都龙化石被发现于我国四川省自贡市，自贡市是我国的"千年盐都"，盐都龙也因此而得名。盐都龙是一种奔跑灵活、两足行走的小型鸟脚类恐龙，体长 1 ～ 3 米。盐都龙常年生活在灌木丛中，是杂食性恐龙。其后肢肌肉发达，小腿特别长，这说明它是一种典型的两足行走的动物。

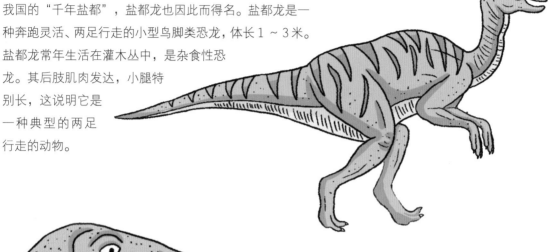

盐都龙的脑袋虽然小，头顶却很高。与相近的恐龙相比，盐都龙的眼睛很美，眼眶大而圆，但长在这样一个小脑袋上，看起来似乎有点不太协调。

科学家发现，动物小腿骨与大腿骨长度比值的不同，可以反映一定的运动能力的区别。通常来讲，比值越大，奔跑速度越快。他们通过对几种动物进行测量发现：能够承载重物但行动缓慢的大象，其小腿骨与大腿骨的长度比值为 0.60；赛马善于奔跑，其小腿骨与大腿骨的长度比值达到 0.92；动物界的快跑名将——羚羊，其小腿骨与大腿骨的长度比值高达 1.25。由此可知，动物的小腿骨与大腿骨的长度比值大，则它的运动速度就较快。

大象   赛马   羚羊

将同样的理论运用到盐都龙身上，科学家测量了盐都龙的小腿骨与大腿骨的长度，计算出它们的比值为1.18，仅次于羚羊。因此，科学家推测，盐都龙的运动能力应该和羚羊不相上下，它们都非常善于奔跑。即便是鸵鸟，也不是盐都龙的对手。

盐都龙的头部呈三角形，身体呈波浪状，背部较突出，肋骨较细，全身的骨头呈节状，最大一块骨头在臀部。它的一条长尾巴能调节整个身体的平衡，前肢比后肢短，后肢主要用于行走，前肢则用于取食。它的前爪锋利，便于削下树叶和捕捉猎物；后爪的骨头结实，两只后爪上都有5个爪趾，其中中趾最长，所有爪趾都很锋利。

盐都龙经常成群结队地出现在湖岸平原地带。大量的研究显示，盐都龙以小型灌木的嫩叶为食，也吃少量昆虫和其他小动物。

梁龙科

笨重的蜥蜴——巴洛龙

巴洛龙学名的意思为"笨重的蜥蜴",又称为"重型龙",生活在侏罗纪时期,它的化石是1912年由美国化石采集家厄尔·道格拉斯在美国犹他州的卡内基采掘场挖出的。说它笨重,是因为它的脖子实在太长了。

巴洛龙与梁龙很像,都有庞大的身躯。巴洛龙的身长将近27米,其中脖子就占了1/3。其颈部的脊椎骨虽然和梁龙的一样都是16节,但每一节都大幅延长,因此其长颈可以触及相当远的地方。

它的长颈和长颈鹿的一样,似乎专为吃高处的植物而长成这样。巴洛龙的脖子太长了,如果要把血液送到头部,就必须有一颗1.6吨重的心脏。然而,心脏越大,心跳就越慢。如果它真的有一颗重达1.6吨的心脏,那么很有可能会产生第二次跳动还没开始,第一次跳动时输送的血液因为压力不足而产生倒流的现象,进而危及健康。因此,科学家们推测,巴洛龙可能有一个多达8颗心脏的供血系统,在8颗心脏的接力下完成对脑部的供血。

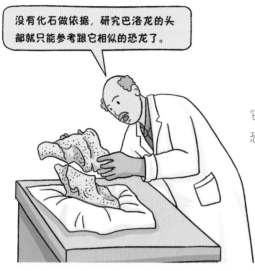

没有化石做依据，研究巴洛龙的头部就只能参考跟它相似的恐龙了。

虽然自发现巴洛龙以来，人们一直都没有找到它的头部化石，但是这并不妨碍科学家们根据蜥臀类恐龙的显著特征来制作巴洛龙的头骨模型。

巴洛龙的超长脖子由 16 节颈椎骨组成，和如今的哺乳动物普遍有 7 节颈椎骨相比，这个数字简直大得离谱。不但如此，巴洛龙的颈椎骨有的甚至长达一米。这些颈椎骨有深深的空洞来减轻重量，要不然，这么长的脖子会重得让巴洛龙抬不起头。

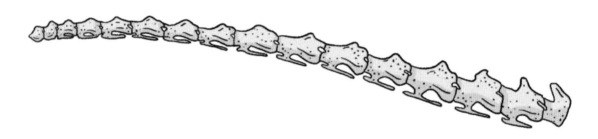

和长脖子相呼应，巴洛龙还拥有一条长长的鞭子状的尾巴，科学家对巴洛龙尾巴末端的结构尚不清楚。据推测，巴洛龙尾巴的末端可以弯曲。可以想象，巴洛龙的尾巴势必也非常沉重，否则将无法和它长长的脖子保持平衡。

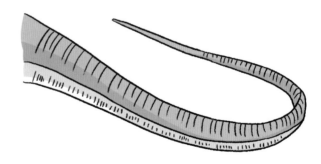

谜一样的恐龙——迷惑龙

迷惑龙生活在侏罗纪晚期。迷惑龙曾被认为是有史以来最大的陆生动物之一，直到后来发现了阿根廷龙。它重达 41 吨，长度可达 23 米（包括它的长脖子和尾巴）。它的四肢呈柱状，尾巴极长，呈鞭状。

和许多蜥臀类恐龙一样，迷惑龙的头骨极为罕见。它的头骨很薄，非常容易被压碎。而且头骨大多是空心的，即便是再细小的沉积物，也会把它压平。有些被保存下来的头骨因为太扁了，无法建立三维模型。所以在漫长的时间里，迷惑龙的头骨模型都是科学家以圆顶龙头骨为原型建立的。

脑袋到底长啥样？

迷惑龙的脖子相对较宽，但它的颈部并不能抬得很高，在大多数时间里，迷惑龙的颈部一直保持着水平略微向上的角度。由于颈椎的限制，迷惑龙无法将脖子伸到高高的树上啃食树叶，所以迷惑龙的主食基本限于低矮的灌木和蕨类植物。为了平衡朝前的颈部，迷惑龙的尾巴会高高地抬离地面。

迷惑龙的牙齿呈钉状,这样的牙齿可以切断植物的纤维,但不太适合咀嚼。不过科学家推测,迷惑龙在进食的时候大概率是不咀嚼的,直接吞咽显然要来得更容易一些。与其他植食性恐龙复杂、坚硬的牙齿相比,迷惑龙的牙齿构造看起来更加简单、小巧。这些牙齿重量更轻,更容易脱落,这有助于减轻它长长脖子末端的头骨的负担。

我要把方圆一千米内的食物吃得干干净净!

像迷惑龙这种大型动物每天可能需要吃掉超过一吨的植物才能维持生命。

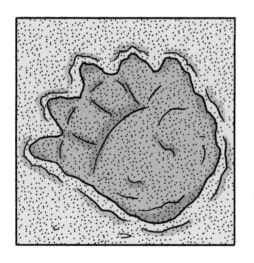

在古生物学家关于迷惑龙的讨论中,大多数问题都集中在迷惑龙是否能够在陆地上支撑起它的庞大身躯,或者迷惑龙是否有可能被迫产生水生的习性。包括骨骼结构和脚印在内的许多证据都表明,迷惑龙和所有蜥臀类恐龙一样都是陆生生物,就像大象一样。目前没有任何骨骼特征能表明迷惑龙具有水生的习性,分析表明迷惑龙的骨骼很容易支撑其巨大的重量。脚印显示它脚趾上覆盖着像大象一样的角质垫。此外,它胸腔的横截面是和大象类似的心形,而不是两栖河马的桶形。即使是巨大如腕龙一般的迷惑龙,也可能主要出现在陆地上而不是水中。

打雷的蜥蜴——雷龙

我走路的动静太大啦!

雷龙是一种大型植食性恐龙,是1877年由古生物学家马什命名的。雷龙与梁龙有着密切的亲缘关系,其更健壮、更重,但身体却短得多。雷龙曾被认为是最大、最重的恐龙,可见其体形和体重都非同寻常。

雷龙走路时脚步沉重,每落下一步,都会使地面震动,如同天上传来滚滚闷雷。根据这个特点,古生物学家便给它取了"雷龙"这个形象的名字,意思是"打雷的蜥蜴"。

雷龙的身躯厚重,体长约26米,体重可能达27吨。雷龙的颈部大约有6米长,基本与躯干的长度相等,甚至还要长。它的尾巴长达9米,基本占了身体的1/3。雷龙的头很小,而且扁平,跟马头极为相似。雷龙四肢粗壮,脚掌的面积和一把展开的伞差不多大。

由于雷龙身体的后半部比前半部高,后肢也相对更有力,所以有的古生物学家认为雷龙有能力利用后肢站立,以弥补身高上的不足。雷龙的头骨扁平、小巧,牙齿呈木栓状,长长的脖颈伸出体外,因此有古生物学家认为,雷龙应该是低下头进食,主要摄食地面上的低矮植物。

雷龙拥有如此巨大的体形,每天所需要摄入的食物量也非常巨大。雷龙一天当中的大多数时间都在进食。你可能会好奇,这么没完没了地吃下去,植物不是很快就被吃光了吗?别担心,侏罗纪晚期气候温暖,非常适宜植物生长,因此,植物的复原速度非常快,这也为雷龙提供了充足的食物。

雷龙的块头很大，估计它跑不过掠食者。在面对掠食者的威胁时，雷龙会直立起身子来恐吓对方。也许它们会靠拢排列在一起，仰仗体形的优势和坚韧的外皮来保护自己，或许它们也会有一套紧急呼救系统，呼唤雄性雷龙前来救援。

雷龙这个名字曾一度消失在古生物学界。

1900 年，研究人员发现雷龙和迷惑龙的骨骼非常相似，然后经过漫长的论证，最终得出梁龙和迷惑龙属同一物种的结论。依据古生物学的命名权优先原则，迷惑龙命名在先，于是，"雷龙" 就被判定为无效命名，成为 "从未存在过" 的恐龙。

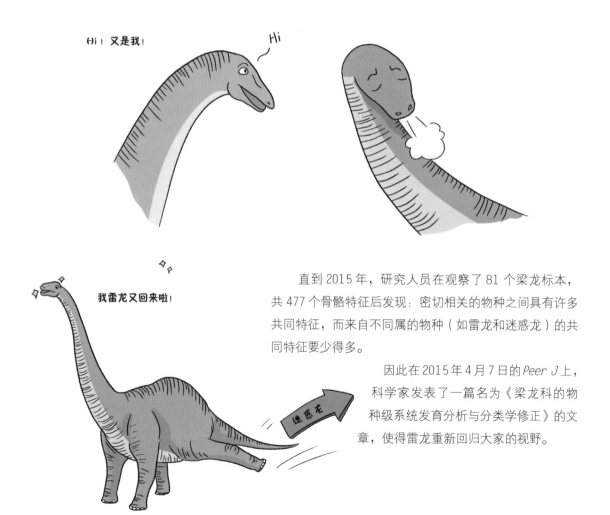

直到 2015 年，研究人员在观察了 81 个梁龙标本，共 477 个骨骼特征后发现：密切相关的物种之间具有许多共同特征，而来自不同属的物种（如雷龙和迷惑龙）的共同特征要少得多。

因此在 2015 年 4 月 7 日的 *Peer J* 上，科学家发表了一篇名为《梁龙科的物种级系统发育分析与分类学修正》的文章，使得雷龙重新回归大家的视野。

尾椎骨大约有 70 块——梁龙

梁龙是一种生活在北美洲西部的蜥臀类恐龙，在侏罗纪晚期，这种植食性恐龙非常常见。

梁龙很容易被确认，它有着巨大的身躯和强壮的四肢。梁龙全长约 27 米，其身长比一个网球场还长，是目前发现的完整恐龙骨架中最长的个体。梁龙的脖子有 7.5 米长，但由于颈骨数量少，因此梁龙的脖子比较僵硬，不能自由弯曲。它的尾巴最长可达 14 米，整个身体就像一座行走的吊桥。梁龙虽然体长很长，但由于背部骨骼较轻，使得它的身躯瘦小，体重只有十几吨。

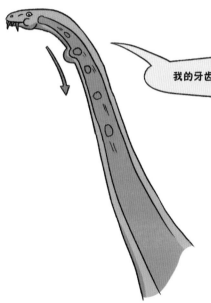

我的牙齿也嚼不动，干脆就直接吞。

尽管梁龙体形很大，有着长长的脖子，但是它的脑袋却很小。它的鼻孔很奇特，长在头顶上。它的嘴的前部长着扁平的牙齿，侧面和后部则没有牙齿，所以它在吃东西的时候不咀嚼，直接吞下去，而且只能吃一些柔软多汁的植物。

梁龙的四肢像柱子一样，前肢较短，每只脚上有 5 个脚趾，其中的一个脚趾长着爪子，那可是它锋利的自卫武器。它的后肢较长，所以臀部高于前肩，其柱状后肢下端由长着 5 个脚趾的脚撑住，只有前 3 个脚趾上长着爪子。梁龙尾巴有 1/3 的长度是非常尖细的，犹如一根鞭子在身后挥舞。人类一只手就可以握住其最小的尾骨。它细长的尾巴可以抵御侵害，也可以用来驱赶其他小动物。

梁龙的脖子由 15 块骨头组成，而它的尾巴要长于脖子，你能猜到梁龙的尾巴由多少块骨头组成吗？30 块？ 40 块？ 都不是，梁龙的尾巴大约由 70 块骨头组成。尾部的前 19 块骨头有空洞，可以减轻重量，尾部中端每节尾椎都有两根人字骨延伸构造。

由于骨骼构造的原因，梁龙不太可能将脖子抬得很高，但是梁龙可以将整个身体向后肢倾斜，并用它的尾巴作为支撑点，进而吃到更高的树枝上的叶子。当梁龙的尾部触地将身体撑起时，这种"双梁"构造可以保护尾部的血管。

虽然梁龙是行动迟缓的植食性恐龙，但这并不表示它在面对敌人时束手无策。它庞大的身躯就足以让一般的捕食者望而生畏。另外，梁龙鞭子似的长尾巴也可以帮助它抵御捕食者的侵害。同时，梁龙的前肢脚趾上有一个巨大的弯爪，在必要的时候，梁龙会用尾巴撑地，抬起前肢，用它的大爪子进行反击。

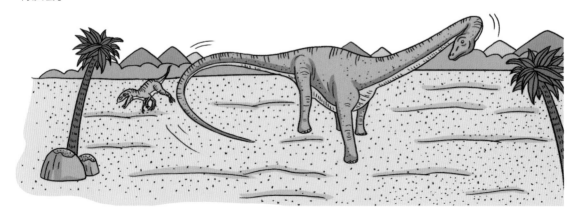

似鸟龙科

小鸡仿制品——似鸡龙

似鸡龙生活于 7000 万年前的白垩纪时期，栖居在半沙漠的干旱地区，是一种杂食性恐龙。似鸡龙最长可达 6 米，体重约 440 千克，相当于身材比较高大的成年人的 4 倍。似鸡龙身上的部分特征与现在的鸟类十分相似，它是似鸟龙科中体形最大的恐龙。

似鸡龙是大型的似鸟龙科恐龙，其学名意为"小鸡仿制品"，但它的体长约为身材高大的人的 3 倍，比小鸡大很多。

听说有人仿我？

原来是你！

似鸡龙的外形很像今天的大型鸵鸟，长着长脖子和没有牙齿的嘴。它的眼睛长在头部的两侧，位置高高在上。这样的构造虽然不利于似鸡龙准确判断猎物或者天敌的位置，但是能使似鸡龙在灵活颈部的帮助下获得全方位的视野，把周围的情况看得清清楚楚。狭长的嘴喙、灵活的脖颈，再加上没有牙齿，拥有这些特征的似鸡龙是不是很像如今的鸟类呢？

在恐龙大家族中，似鸡龙算得上是奔跑健将了。它的身体相当轻盈，而且后肢很长，跨步很大，后肢肌肉发达，强健有力，踝骨和脚骨长而细，这些特征使似鸡龙奔跑的速度非常快。当周围有危险时，没有任何自卫武器的似鸡龙只能依靠健壮的后肢逃脱。

打不过就溜，不丢脸！

似鸡龙的前肢相较后肢显得非常短小，前肢的末端长着 3 个锋利的爪子。不过遗憾的是，这些看起来很厉害的爪子并不能用来攻击敌人，似乎只能用来扒开泥土寻找食物。它的尾巴根部粗壮但末端尖细，可以来回摆动，在奔跑的时候调节身体重心，起到保持平衡的作用。

似鸡龙也被称为"鸡的模仿者"，为什么这么说？把它们的头部放一块对比一下你就知道了。你看，小小的头部，长长的脖颈，狭长的嘴喙，口中都没有牙齿，是不是很相似？只是似鸡龙没有鸡这样华丽的羽毛。

尽管爪子很锋利，却撕不开肉，也不能很好地抓取东西。一直以来，似鸡龙都被认为是植食性恐龙。但后来经过生物学家不断的研究、考证得知，似鸡龙有可能是杂食性恐龙。在一般情况下，它以植物为食，但也会吃小昆虫和蜥蜴，有时还会用前肢上的爪子挖取土里的蛋吃。

全速短距离奔跑的能手——似鸵龙

似鸵龙是一种生活在白垩纪晚期、分布在欧洲北部的可爱生物。它的样子很像鸵鸟。与鸵鸟不同的是，似鸵龙的身后还拖着一条长尾巴，身上光秃秃的，也没有羽毛，前肢上还有爪子。

200千克

似鸵龙身长约 4 米，体重从 200 千克到 400 千克不等，是一种二足行走的恐龙。其头部小而修长，颈部长度占去了身长的 40%。似鸵龙的外形像现在的鸵鸟，头较小，牙齿已经退化，被角质的喙代替，颈部细长而灵活。

似鸵龙是一种十分擅长奔跑的似鸟龙科恐龙，它的后肢轻巧且健硕，小腿骨略长于大腿骨。它的脚上长着平直且狭窄的爪子，这些爪子在似鸵龙跑步的时候，伴随着步伐的展开，可以给予后面的一条腿足够的支撑力，使其脚步更加稳健，防止打滑。它的尾巴长度可达 3.5 米，占了整个身体的一半还多。这条长尾巴不像它可自由弯曲的脖子一样灵活。

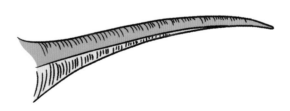

似鸵龙的尾巴在其奔跑的时候笔直地伸在身后，始终和地面平行，这样可以很好地保持身体平衡。

　　似鸵龙在活动时会保持很高的警惕性。它的视力和听力都很好，当有小型肉食性恐龙靠近时，似鸵龙会用它强健的后肢使劲儿向对方踹去；如果攻击它的是大型肉食性恐龙，它就只能甩开双腿以最快的速度逃脱了。似鸵龙的身体纤细灵活，据科学家推测，它的跑步速度非常快，可能高达 70 千米 / 小时，似鸵龙在恐龙世界中算得上是全速短距离奔跑的能手。

　　关于似鸵龙的食性，一直存在争论。有人认为它是一种专吃昆虫或小型爬行动物和哺乳动物的肉食性恐龙；但也有人认为，似鸵龙用长长的脖子去够高处的植物来吃。

鸭嘴龙科

戴头盔的蜥蜴——盔龙

盔龙也叫冠龙，其学名的含义是"戴头盔的蜥蜴"。它属于鸭嘴龙科中的一种，生活在白垩纪时期的北美洲。

盔龙的化石是 1912 年在加拿大红鹿河谷附近被发现的。和其他恐龙不同的是，科学家除发现了完整的盔龙骨骼化石外，还发现了石化了的盔龙皮肤。迄今为止科学家已经发现了 20 多块盔龙的头骨化石。

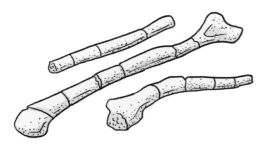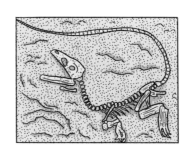

盔龙的外形很奇特，它的头顶上有一个巨大的头冠，头冠内部中空且与鼻腔相通，可以发出鸣声，盔龙远远看上去就像戴了一顶高高的头盔。作为鸭嘴龙科的恐龙，盔龙显然有一张扁扁的、像鸭子一样的嘴，平时主要以树叶、种子或松柏类的针叶为食。盔龙身长约 10 米，体重约 4 ~ 5 吨，一般在针叶林和灌木丛中寻找食物。根据化石可知，盔龙的头部顶端有一个高高耸起的骨质头冠，而且鼻腔一直从面部延伸至头冠。

科学家推测，盔龙的头冠可能只是用来发声的，作用是保证同类之间的交流或者吓退肉食性恐龙的进攻。

盔龙用后肢行走，其前肢相对较短，尾巴又长又粗。盔龙的前后脚掌都有蹼，所以，科学家曾一度认为盔龙是生活在水中的。但后来根据研究发现，盔龙脚掌上的蹼其实是肉质的组织，和蛙类等两栖动物的蹼是不一样的，所以盔龙并不是一种水生恐龙。

盔龙前肢的掌部长着四个带爪的指，而它后肢的掌部则有三个大趾头。古生物学家在挖掘盔龙的骨骼化石时，同时也发现了盔龙的趾尖，从发现的化石可以看出，盔龙的趾尖上长着大而钝的爪子。

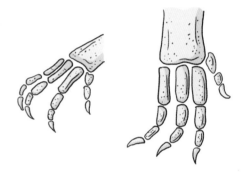

我要警惕一点，再警惕一点。

盔龙主要依靠后肢行走，不过在进食的时候，盔龙会四肢着地，重心下沉，警惕地进食。盔龙的爪子并不实用，在遇到肉食性恐龙袭击时，它的爪子并不能起到防御作用。盔龙性格温和，身上没有盔甲、棘刺、利爪或尾锤去抵御肉食性恐龙的袭击，它主要依靠敏锐的嗅觉和出色的视觉来察觉并躲避肉食性恐龙的袭击。

和其他鸭嘴龙科恐龙一样，盔龙的嘴部是喙状的，而且嘴的前部没有牙齿。但在嘴的后部，长有几百颗交错排列的小牙齿。当盔龙进食时，会先用没牙的前部咬断细枝或树叶，然后放入后面成排的颊齿间进行咀嚼并磨碎。这些牙齿磨损后还能够不断地自动更换。

会游泳的恐龙——副栉龙

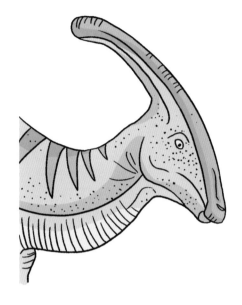

在鸭嘴龙科恐龙的大家庭里，有些恐龙是光头的，有些恐龙是戴着"帽子"的。副栉龙就是"戴帽子"的一种恐龙，而且它的"帽子"还是众多"亲戚"中最高、最长的。

副栉龙最显著的身体特征就是它头上的棒状头冠，这个奇特的冠状物向头部的后方延伸出去，呈中空状态，里面有管，从鼻孔到头冠尾端，又绕到头的后面，一直到达头颅。人们对于其用途众说纷纭。

起初，人们认为副栉龙的头冠能在它吃水下植物时帮助它呼吸，但是后来古生物学家经过研究证明，副栉龙的头冠是弯曲的，呈倒"U"形，顶端封闭，因此不能用作水下呼吸管，而且也不能增强嗅觉。但这个头冠可以用于辨认性别，还可以用于发声，并且发出来的声音因副栉龙的年龄、性别不同而略有不同。

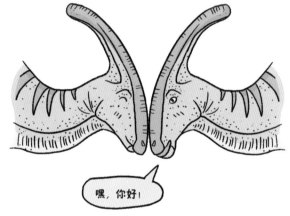

嘿，你好！

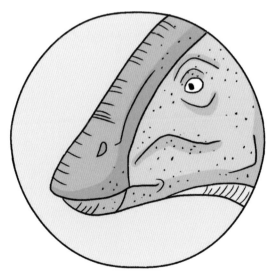

副栉龙的身长有 9 ～ 10 米，体重约 2.5 吨。副栉龙与其他鸭嘴龙科恐龙外形非常相似，只是头冠有很大的差别。副栉龙有坚硬的嘴喙，嘴里长着数百颗牙齿，而且这些牙齿还能不断地更换。

虽然我的牙齿能不断地重新生长，但我也要好好保护我的牙齿。

在进食的时候，副栉龙首先使用它的喙状嘴切割植物，然后再送进嘴里。在咀嚼食物的时候，它不会用全部的牙齿，而只用其中的一小部分，这样就可以尽量减少咀嚼对牙齿的磨损了。

副栉龙是一种植食性恐龙，以两肢或四肢行走。当它要进食的时候，需要把身体直立起来去咬植物。在进食的过程中，副栉龙会非常警惕，仔细观察周边环境，一旦发现有风吹草动，就会迅速奔跑躲避危险。由于副栉龙的尾巴相对灵活，所以在水边的副栉龙如果遇到危险，就会立刻投入水中，并左右摇摆它的大尾巴，快速游到相对安全的深水区，从而把敌人远远地甩在身后。

副栉龙虽然有条大尾巴，但这条大尾巴没有任何攻击力，此外它身上也没有任何防御武器，所以只能选择群居生活。它依靠敏锐的视觉、听觉和嗅觉来发现潜伏的敌人。据科学家猜测，副栉龙的皮肤颜色可能比较灰暗，这有助于它在茂密的森林中很好地保护自己。此外，在遇到危险时，它还能利用头冠发出求救信号。

数量庞大的恐龙——鸭嘴龙

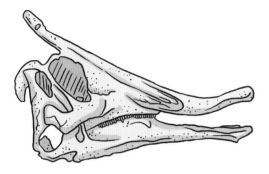

鸭嘴龙生活在白垩纪时期，因为长着像鸭子嘴一样的嘴巴而得名。鸭嘴龙的数量相当庞大，占去了当时植食性恐龙数量的75%。鸭嘴龙是鸟脚类恐龙中最进步的一类，也是北美洲最早发现的恐龙之一。科学家在我国的很多地方也曾发现鸭嘴龙的化石。

鸭嘴龙生活在恐龙发展最为繁盛的时期，这个时期也是地球历史上的动荡期。那时，陆地面积逐步扩大，被子植物的种类渐多，大地上到处都飘着花香。因此，恐龙喜爱吃的裸子植物减少了，从而淘汰了一大批适应能力差的恐龙。这样，不挑食的鸭嘴龙就变得兴旺起来了。

鸭嘴龙是一种植食性恐龙，体形巨大，最大的长达15米左右。它的后肢粗壮，脚掌宽大，利于行走，前肢则细弱得好像一双小手。所有鸭嘴龙的头骨都比较高，枕部宽大，面部加长，前上颌骨和鼻骨也前后伸长，嘴部宽扁，外鼻孔斜长。

鸭嘴龙颌骨两侧长着菱形的牙齿，并演化出复排齿序（牙齿相互垂直重复排列在一起），每侧颌骨上长有400余颗牙齿，嘴里的牙齿数量多达1500多颗，因此鸭嘴龙被誉为恐龙世界的"牙齿大户"。

在加拿大蒙大拿州发现的鸭嘴龙巢穴遗迹化石中，科学家发现，刚孵化出来的鸭嘴龙宝宝，体长大约只有35厘米，而它的父母体长约10米，重达3吨。在这样的体形下，科学家推测鸭嘴龙应该不是依靠自己的体温来孵化幼崽的，它很可能先在巢穴中放满植被，再通过植被发酵带来的热量来孵化幼崽。

鸭嘴龙科恐龙通常是半四足动物，它们的腕骨退化，前肢细长、狭窄，当遇到危险的时候利用细长的前肢协助奔跑，从而加快速度和增强转向能力。

在北美洲，鸭嘴龙是最早被发掘并被记录的恐龙之一。在加拿大的北极地区发现的鸭嘴龙化石可能是人类历史上发现的最靠北的恐龙化石。在我国，除山东发现了鸭嘴龙化石外，内蒙古、宁夏、黑龙江、新疆、四川等地也发现不少鸭嘴龙化石。

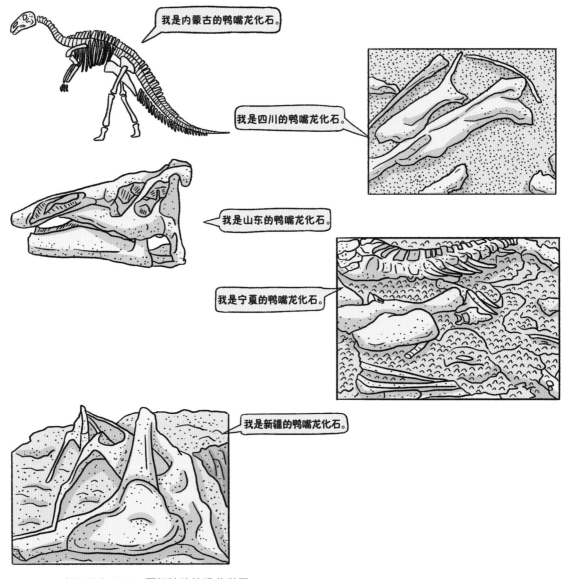

肿头龙科

用"铁头"抵御敌人——剑角龙

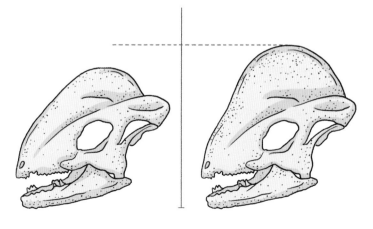

剑角龙来自肿头龙家族，生活在白垩纪晚期的北美洲，身长一般为 2.5 米左右，高约 1.5 米。又厚又圆的头盖骨是剑角龙最为明显的特征。科学家在测量剑角龙的骨骼之后，发现剑角龙的股骨略长于它的胫骨，因此科学家推测剑角龙的奔跑速度可能并不快。

和其他肿头龙科恐龙一样，剑角龙也有又厚又圆的头盖骨，这个头盖骨由许多小骨块组成，像个半圆形的头盔一样盖在了剑角龙的眼睛和脖颈上，这是剑角龙自卫的武器。由此推测，剑角龙在受到生命威胁而又无处可逃的时候，或许会低下头奋力朝入侵者撞去，为自己创造逃生机会。

科学家通过对剑角龙化石进行分析，发现剑角龙在小的时候头骨并不是特别厚，随着年龄的增长，它的头骨会逐渐增厚。不同的剑角龙个体之间，头骨厚度有着显著差异。科学家推测，拥有较厚头骨的应该是雄性剑角龙。一只雄性成年剑角龙的头骨厚度可达 6 厘米，约等于半块砖头的长度。

当剑角龙处于进攻状态时，会低下头，并将脖子、身体和尾巴紧绷成一条直线，或许还会后撤半步以便更猛烈地冲向敌人。在平时的放松状态下，剑角龙会自然地垂下它长长的尾巴，并在行走的时候保持身体的平衡。剑角龙的耻骨位置很低，骨盆上方还有 6 ~ 8 块互相接合的脊椎骨，这样的骨骼形态在运动过程中既能增强冲击力，又能起到减震的作用。

虽然剑角龙体形不大，又是一种植食性恐龙，但它并不是个好惹的家伙。随着年龄的增长，剑角龙的头部会越来越大，正因为如此，它需要用尾巴来保持身体的平衡。五倍于人的头骨厚度的头盖骨，是剑角龙对付凶猛敌人的有力武器。剑角龙会用尽全身的力量向敌人撞去，通常大多数攻击者都经不起这么猛烈的一撞。

剑角龙一般成群结队地生活在一起。它们会在团体中进行决斗，由决斗中获胜的雄性成员充当首领。它们争斗的方式也很有趣，会像山羊一样互相撞来撞去，而最后获胜的往往是脑袋最硬、耐力最好、体格最强壮的王者。

有厚头的蜥蜴——肿头龙

肿头龙科恐龙在恐龙大家族中只能算是中小型恐龙，不过，肿头龙科中最大的种类身长也有 5 米左右。

肿头龙头部短，但它是颅顶最大的恐龙。它的大头里差不多全是骨头，头颅的顶部非常厚并扩大成了一个突出的圆顶，这样厚的头骨使肿头龙的头部变得极其坚硬。

肿头龙又叫厚头龙，意思是"有厚头的蜥蜴"。肿头龙的头顶是一个大约 25 厘米厚的坚硬骨质颅顶，在它的周围一直到鼻尖布满了粗糙凸起，一些成年肿头龙的脑后部有大棘刺。虽然这些凸起和棘刺并不锐利，但在肿头龙和其他恐龙打斗时，头部既是好武器，又是极佳的护具。

当一只肿头龙遇到危险时，就会和对手平行站在一起，或者面对面。然后，它会用头部的装饰物来威吓对方。如果威吓无效，肿头龙就会用头部的侧面去撞击对方。由于肿头龙的头部又宽又厚，所以使劲撞击对方是不会给自己带来什么危害的。

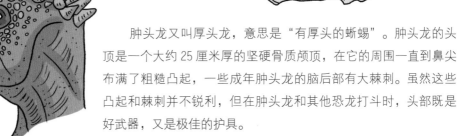

不管怎样，撞了之后还是会晕。

科学家猜测肿头龙的颅骨外还覆盖着一层角质，用来减轻头部撞击所带来的冲击力，防止身体受到损伤。也有科学家认为肿头龙不太可能使用头对头的对撞，因为头顶的受力面积太小了，没有足够宽大的冲击面。因此科学家推测肿头龙在大多数情况下，会采取用头从侧面冲撞对方身体的方式展开攻击。这种行为是肿头龙科恐龙的共同特征，只是不同种类恐龙的头骨厚度各不相同。

虽然肿头龙的头部坚硬无比，但是在大多数情况下它并不能帮助肿头龙抵抗肉食性恐龙的袭击。在活动时，一旦肿头龙敏锐的嗅觉和视觉提醒它有肉食性恐龙靠近，它就会快速地逃到安全地带。肿头龙的颈部和前肢粗短，身体强壮。它的后肢很长，尾巴上的肌肉已经骨化。肿头龙用两足行走，它的前肢短小，但奔跑起来的速度很快。

肿头龙可能喜欢过群体生活。成年的雄性肿头龙之间可能会像现在的山羊一样，通过撞头来决定谁是群体的首领。在繁殖季节，它们也以这种方式来决出胜负，获胜的一方可以与群体中的雌性肿头龙进行交配。

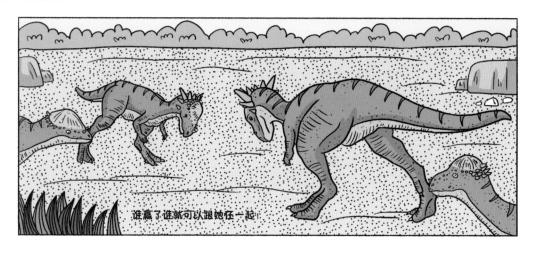

谁赢了谁就可以跟她在一起！

在对肿头龙化石的发掘和研究过程中，科学家发现肿头龙的牙齿呈现出一种前所未见的样子。一只幼年肿头龙的下颌后部有宽阔的叶状牙齿，这种牙齿适合撕碎粗糙的植物纤维、果实和种子。但是在它的下巴的前部，这个化石标本显露出锋利的刀片状的牙齿，这些牙齿看起来更像是在暴龙或迅猛龙等肉食性恐龙身上看到的牙齿。而这部分化石是在以往的肿头龙化石中从未发现的部分。科学家推测，肿头龙以树叶、种子、水果及昆虫等食物为生。所以，大多数科学家认为肿头龙是一种杂食性恐龙。

吃什么好呢？

双脊龙科

拥有冰冻顶冠的恐龙——冰脊龙

这里是真的冷。

冰脊龙又叫冻角龙，一听到这个名字就知道它可能生活在很寒冷的地方。没错！冰脊龙是发现的曾生活在南极洲的肉食性恐龙，也是第一种被记录的生活在南极洲的恐龙。当时的南极洲虽然还没漂移到现在的位置，气候也比现在温暖得多，但冰脊龙仍然需要经受住漫长冬季的考验。

冰脊龙外形上的最大特点，是头顶上长着奇特的头冠，头冠两侧各有两个小角锥。这个头冠就像点缀头顶的小山峰，冰脊龙的意思就是"拥有冰冻顶冠的恐龙"。

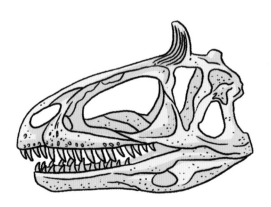

冰脊龙的头冠从颅骨向外延伸，在泪管附近与两侧眼窝的角连接。冰脊龙的头冠是有褶皱的，看起来像一把梳子，其两侧还各有两个小角锥。

这个头冠不大，应该没有成为武器的可能，古生物学家推测其是在交配季节用来吸引异性的。如果真是这样的话，那么这个头冠应该有着鲜艳的色彩，也许还分布着很多血管和神经，一旦充血，色彩就会更加艳丽。不过也有科学家认为，冰脊龙头冠的颜色会随着环境的不同而改变。比如，当冰脊龙在丛林中时，头冠会呈现出艳丽的色彩，但是在荒漠中时，头冠的颜色会接近荒漠的土黄色。目前关于冰脊龙头冠的真正作用，科学家还没有定论。

关于冰脊龙的体形到底是偏壮硕还是偏纤细这件事，科学家也没有得出结论。毕竟冰脊龙所在的南极洲，即便在侏罗纪时期也有着非常漫长的冬天。如果冰脊龙像企鹅一样拥有厚厚的皮下脂肪，那么它在狩猎时奔跑的速度和灵活度都将大打折扣。

冰脊龙是第一种被发现生活在南极洲的肉食性恐龙，至于它是只有在夏天才会迁徙到这里，还是常年居住于此，古生物学家也没有确定的答案。冰脊龙的化石在南极洲被发现，是恐龙研究史上一项重大的进展，可作为恐龙有可能是温血动物的一个证据。毕竟要想熬过漫长的冬季，冰脊龙必须维持足够高的体温才能避免一觉不醒。

侏罗纪早期恶魔——双脊龙

双脊龙又叫双冠龙，头上长着两片大大的骨冠，看起来特别笨重，给人一种头重脚轻的感觉，其名字也由此而来。双脊龙是一种生存于侏罗纪早期的肉食性恐龙，所以还有个绰号——"侏罗纪早期恶魔"。

双脊龙最明显的特征就是头上这对近似半椭圆形或战斧形的头冠。这对头冠相当脆弱，不可能作为武器，可能是一种视觉辨识物。

双脊龙是一种体形修长的大型恐龙，体长达 6 米，站立起来可达 2.4 米。与后来许多大型的肉食性恐龙相比，双脊龙的体形显得十分"苗条"。它有着短小的前肢和粗壮有力的后肢，因此特别善于奔跑。别看它个头大，但整个体形看起来还是相当匀称的。双脊龙前肢短小，后肢则比较发达，所以行动起来比许多大型肉食性恐龙敏捷得多。

双脊龙有一个细长的、狭窄的头骨。上颌的牙齿又细又长，当嘴巴闭合时，它们微弯着伸出口腔一直探到下颌的下方。

双脊龙上颌骨有一个奇怪的"缺口"，使它呈现出钩鼻、锯齿状牙齿的外观。古生物学家认为，上颌的缺口和平坦的下颌中间产生空隙，使得双脊龙的咬合力可能相对较弱。而下颌的前半部分非常适合抓捕一些小型猎物，同时中间的牙齿可以帮助咬伤和切割猎物。

双脊龙前肢的掌部短小，指头能弯曲，所以双脊龙能够抓握物体。双脊龙的后肢比较长，其中跖骨就占了很大的比例。另外，后肢也非常健硕，后肢的掌部长着 3 根朝前的脚趾，脚趾上都长着十分锐利的爪子。

在此身体构造下，双脊龙可以飞速奔跑以抓捕猎物。科学家推测双脊龙的捕猎方式是先快速奔跑追上猎物，在用它尖利的牙齿死死咬住猎物的同时，再用锋利的趾爪控制猎物，防止猎物逃脱，然后便开始进食。

快来看看我们谁的头冠最美。

双脊龙的头上有近似半椭圆形的头冠，科学家经过仔细考察发现，它的头冠并不结实，甚至比较脆弱。有古生物学家认为，头冠是雄性双脊龙争斗的工具。雄性双脊龙通过雄伟、漂亮的头冠吸引异性的注意，并在争夺伴侣的过程中比较头冠的大小。头冠大的雄性双脊龙可能更容易取得胜利，并获得和雌性双脊龙交配的机会。

鲨齿龙科

长着鲨鱼牙齿的蜥蜴——鲨齿龙

鲨齿龙是生活在白垩纪时期的一种巨型肉食性恐龙,其长相凶残、性格残暴。它的学名的意思是"长着鲨鱼牙齿的蜥蜴"。它曾广泛分布在如今非洲大陆的北部地区,是最大的兽脚类恐龙之一。另外两种和它同样残暴的恐龙分别是暴龙与南方巨兽龙。

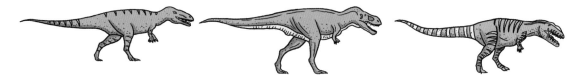

其实早在 1931 年,恩斯特·斯特莫就建立了鲨齿龙科,只不过到了 1995 年,较完整的鲨齿龙化石才被发现,中间整整隔了 60 多年,科学家才了解到这种有着骇人名字的恐龙的真面目。

鲨齿龙被发现于非洲的撒哈拉沙漠里,这个发现十分特殊。鲨齿龙是到目前为止在非洲发现的最大的兽脚类恐龙,它的头部比暴龙稍长,但脑容量不及暴龙,头骨宽度也比较窄。

在第二次世界大战期间,保存在慕尼黑的棘龙化石被炸毁。后来,古生物学家为了了解他们知之甚少的棘龙,开始在世界各地寻找棘龙化石,就是在寻找棘龙化石时意外地发现了鲨齿龙的化石。

快看我发现了什么!

在最初被发现的时候，鲨齿龙的身长约为 12 米，不过这个数值并没有被大部分学者认可，他们明显觉得这个数值太小。2007 年，有人在论文中根据头骨中线，估算出鲨齿龙的身长约为 13.28 米，这个数值显然更加容易被人们接受，被认为更接近这个动物的真实身长。

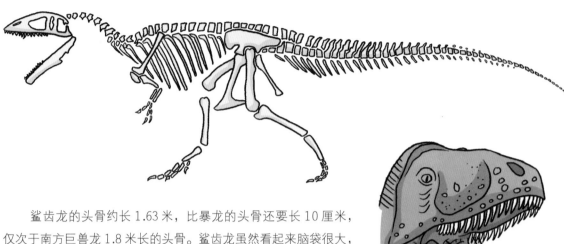

鲨齿龙的头骨约长 1.63 米，比暴龙的头骨还要长 10 厘米，仅次于南方巨兽龙 1.8 米长的头骨。鲨齿龙虽然看起来脑袋很大，但实际上它的脑容量很小，相比之下，它的脑容量只有暴龙的一半左右。它的头部向前突出，牙齿像现在鲨鱼的牙齿一样，较薄并呈三角形。

作为白垩纪早期非洲大陆上最强大的掠食者之一，鲨齿龙的狩猎方式非常有特点。根据科学家的推测，鲨齿龙在狩猎时往往会充分利用其庞大的身形优势，猛烈地撞击猎物，在把猎物撞倒后再冲上前去撕咬其脖颈，直至猎物死亡。

异特龙科

与众不同的蜥蜴——异特龙

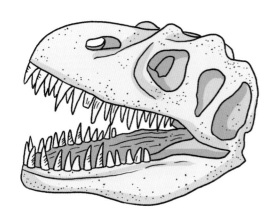

异特龙生活在侏罗纪晚期，集猛禽与鳄鱼的特性于一身，学名的意思是"与众不同的蜥蜴"。在目前已发现的侏罗纪晚期的恐龙数量中，异特龙就占了1/10。异特龙是侏罗纪晚期活跃于北美洲、非洲等地的肉食性恐龙，最早的异特龙化石是1877年在美国科罗拉多州发现的。

异特龙的头部很大，眼睛上有一个鼓起的大肉团。它有70颗边缘带锯齿的牙齿，每颗牙齿都像匕首一样尖锐，并且都向后弯曲，正好用来撕开猎物的肉，还能防止肉在被咀嚼过程中从嘴里掉出来。如果某颗牙齿脱落了或在战斗中断掉了，一颗新的牙齿会很快长出来填补这个空缺。

异特龙的体形比赫赫有名的霸王龙略小一些，但异特龙具有比霸王龙粗大且更适合捕杀猎物的强壮前肢。它的前肢粗壮，有3根长着利爪的指头；后肢健硕，脚掌上长着4根脚趾，除一根脚趾缩小并向后生长外，其余3根脚趾均粗壮且向前生长，这4根脚趾末端都生有尖利的爪子。趾爪的核心为骨质，外层为角质。它的尾巴又粗又大，用以横扫胆敢向它进犯的敌人。

有科学家认为，异特龙应该是有史以来地球上最强的肉食性恐龙，不仅如此，就连异特龙的后裔——南方巨兽龙，也继承了它的优良基因，甚至进化得更加庞大，成为地球上最大的肉食性恐龙。

异特龙的头骨约长 70 厘米，它有着长长的刀片状牙齿，前后边缘呈锯齿状，就像牛排刀一样。这些牙齿能轻易地咬断皮肤和肌肉纤维。通过测量异特龙的下颌肌区域来测算其下颌肌的力量，科学家发现异特龙的下颌肌能产生接近 9800 牛顿的力量。

由于特殊的身体构造，异特龙无法向前伸手去抓猎物，一旦用嘴咬住了猎物，它就可以用它的利爪勾住猎物以防止其逃跑。

异特龙是肉食性恐龙里的顶级捕食者。由于异特龙的体形如此之大，它的食谱几乎涵盖了所有其他恐龙，不过大型成年蜥臀类恐龙可能不会是异特龙的首选。

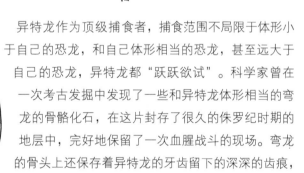

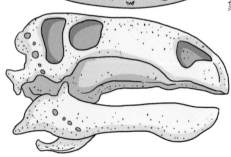

异特龙作为顶级捕食者，捕食范围不局限于体形小于自己的恐龙，和自己体形相当的恐龙，甚至远大于自己的恐龙，异特龙都"跃跃欲试"。科学家曾在一次考古发掘中发现了一些和异特龙体形相当的弯龙的骨骼化石，在这片封存了很久的侏罗纪时期的地层中，完好地保留了一次血腥战斗的现场。弯龙的骨头上还保存着异特龙的牙齿留下的深深的齿痕，弯龙的身边零星散落着被折断的异特龙的牙齿。不难想象这是一场多么惨烈的厮杀。

在严重干旱时期，大型植食性动物往往会在池塘周围死亡，这时孤独、饥饿的异特龙就会到现场清理其他肉食性恐龙吃剩下的腐肉。